Kasjan Szemiako
Beata Krawczyk

Uropatogenne szczepy Escherichia coli

Kasjan Szemiako
Beata Krawczyk

Uropatogenne szczepy Escherichia coli

Genotypowanie i identyfikacja czynników wirulencji

Wydawnictwo Bezkresy Wiedzy

Impressum / Imprint
Bibliografische Information der Deutschen Nationalbibliothek: Die Deutsche Nationalbibliothek verzeichnet diese Publikation in der Deutschen Nationalbibliografie; detaillierte bibliografische Daten sind im Internet über http://dnb.d-nb.de abrufbar.
Alle in diesem Buch genannten Marken und Produktnamen unterliegen warenzeichen-, marken- oder patentrechtlichem Schutz bzw. sind Warenzeichen oder eingetragene Warenzeichen der jeweiligen Inhaber. Die Wiedergabe von Marken, Produktnamen, Gebrauchsnamen, Handelsnamen, Warenbezeichnungen u.s.w. in diesem Werk berechtigt auch ohne besondere Kennzeichnung nicht zu der Annahme, dass solche Namen im Sinne der Warenzeichen- und Markenschutzgesetzgebung als frei zu betrachten wären und daher von jedermann benutzt werden dürften.

Informacja bibliograficzna Niemieckiej Biblioteki Narodowej: Niemiecka Biblioteka Narodowa rejestruje tę publikację w Niemieckiej Bibliografii Narodowej; szczegółowe informacje bibliograficzne dostępne są w Internecie na stronie http://dnb.d-nb.de.
Wszelkie nazwy znaków firmowych i nazwy produktów wymienione w niniejszej publikacji podlegają prawu ochrony własności przemysłowej i stanowią znaki towarowe lub zarejestrowane znaki towarowe należące do ich właścicieli. Przez fakt użycia nazw znaków firmowych, nazw produktów, nazw zwyczajowych, nazw handlowych, opisów produktów itp., nawet bez dokładnego ich oznaczenia, nie należy rozumieć, że nazwy te nie są objęte prawem ochrony własności przemysłowej i że mogą być wykorzystywane bez ograniczeń.

Coverbild / Okładka: www.ingimage.com

Verlag / Wydawnictwo:
Wydawnictwo Bezkresy Wiedzy
ist ein Imprint der / jest znakiem handlowym
OmniScriptum GmbH & Co. KG
Heinrich-Böcking-Str. 6-8, 66121 Saarbrücken, Deutschland / Niemcy
Email: info@bezkresywiedzy.com

Herstellung: siehe letzte Seite /
Druk: patrz ostatnia strona
ISBN: 978-3-639-89041-9

SPIS TREŚCI

1 Zakażenia układu moczowego

Zakażeniem układu moczowego nazywa się potwierdzoną obecność drobnoustrojów w obrębie dróg moczowych wywołujących zapalenie błony śluzowej. Zakażenie może również dotyczyć miąższu nerek oraz ściany pęcherza moczowego (1). Dokładniejsza definicja mówi o obecności drobnoustrojów w drogach moczowych powyżej zwieracza pęcherza moczowego (2).

1.1 Rodzaje i częstość występowania

Zakażenia układu moczowego są drugą przyczyną po zakażeniach dróg oddechowych pod względem częstotliwości zgłaszania się chorych do lekarza (2). Znacznie częściej występują one u pacjentów hospitalizowanych (40 – 50 %) w porównaniu do pacjentów ambulatoryjnych, u których zakażenia układu moczowego są rozpoznawane w 10 – 20 % wszystkich przypadków chorób infekcyjnych (3). Zakażenia układu moczowego można podzielić stosując różnorakie kryteria. Ze względu na objawy kliniczne ZUM dzieli się na: objawowe, niepowikłane, powikłane, posocznicę i bakteriurię bezobjawową (4).

Podział kliniczny uwzględniający dominujące objawy zakażenia przedstawia się następująco: niepowikłane zapalenie pęcherza, niepowikłane odmiedniczkowe zapalenie nerek, powikłane zakażenie dolnych dróg moczowych z towarzyszącym lub bez odmiedniczkowym zapaleniem nerek, posocznica moczowa oraz zapalenie cewki, stercza, najądrza, jądra (5).

Najbardziej podstawową klasyfikacją jest podział na zakażenia dolnego i górnego odcinka układu moczowego. Stosując taki podział do poszczególnych grup można zaliczyć następujące choroby:

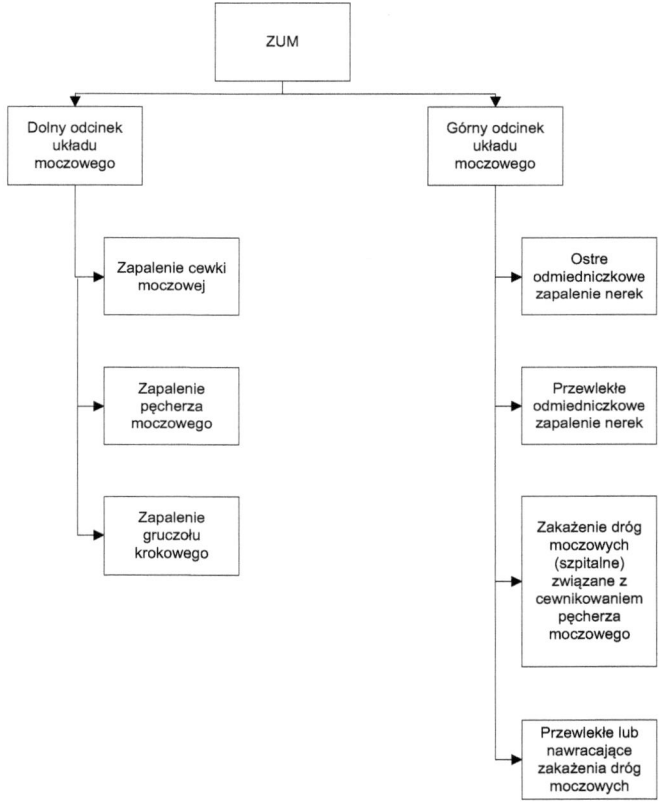

Rys. 1 podział ZUM ze względu na miejsce zakażenia[1]

1.2 Rozpoznanie zakażeń układu moczowego

Rozpoznanie wystąpienia zakażenia układu moczowego odbywa się poprzez badanie bakteriologiczne moczu. Bakteriuria oznacza obecność bakterii w moczu. Pomimo tego, że mocz obecny w nerkach czy pęcherzu moczowym powinien być jałowy, w związku z przedostawaniem się bakterii do próbki w trakcie jego pobierania

---

[1] opracowanie własne na podstawie (6)

nawet u ludzi zdrowych można wykryć niewielkie ilości bakterii. Bakterie te pochodzą (wykluczając ich obecność na przedmiotach służących do pobierania moczu) z cewki moczowej, jednak nie wywołują one objawów zakażenia. Dlatego, aby badanie było wiarygodne konieczne jest korzystanie z jałowych naczyń, zwrócenie uwagi na odpowiednią higienę ujścia cewki moczowej przed pobraniem moczu, a także by możliwie jak najbardziej wyeliminować przedostawanie się mikroorganizmów nie wywołujących zakażeń, ale zasiedlających ujście cewki praktykuje się pobieranie moczu ze środkowego strumienia (2). Znamienną bakteriurię czyli taką, w której stężenie wykrytych drobnoustrojów świadczy o zakażeniu, a nie zanieczyszczeniu materiału podczas jego pobierania, stwierdza się, gdy w moczu wykryto:

1) $\geq 10^2$ *E.coli*/mL lub 10^5 CFU innych pałeczek/ml – u kobiet z objawami klinicznymi zakażenia układu moczowego,

2) $\geq 10^2$ CFU *S. saprophyticus* lub innych ziarenkowców /ml – u osoby z objawami zakażenia układu moczowego,

3) $\geq 10^3$ CFU/ml – u mężczyzn z objawami klinicznymi zakażenia układu moczowego,

4) $\geq 10^2$ CFU/ml – w moczu pobranym przez nakłucie nadłonowe u osoby z objawami zakażenia układu moczowego,

5) $\geq 10^5$ CFU/ml w kolejnych dwóch próbkach moczu – u osób bez objawów zakażenia układu moczowego (6).

1.3 Przyczyny zakażenia dróg moczowych, czynniki sprzyjające występowaniu ZUM

Jedną z najczęstszych przyczyn wystąpienia ZUM (dotyczy około 90% pacjentów hospitalizowanych) jest cewnikowanie (2). Oprócz takich zabiegów, które fizycznie ingerują i wprowadzają bakterie do układu moczowego do wystąpienia infekcji w znaczący sposób przyczyniają się wszelkiego rodzaju wady anatomiczne powodujące zastój i wsteczny odpływ moczu (6). Podczas oddawania moczu, drogi moczowe otwierają się co umożliwia mikroorganizmom przedostanie się do cewki moczowej. i pęcherza. Jedną z najpoważniejszych konsekwencji zapalenia pęcherza jest możliwość migracji zakażenia w górę układu moczowego co może doprowadzić do infekcji nerek. Ze względu na to, że w nerkach zachodzi zatężanie moczu, obecny w nich płyn ma bardzo wysokie stężenie mocznika. Takie warunki doprowadzają do zahamowania aktywności fagocytów i innych komórek odpornościowych czyniąc ten narząd stosunkowo słabo chronionym przed wszelkiego rodzaju infekcjami. Z tego względu tak ważne jest poprawne działanie mechanizmów obronnych dotyczących dolnych dróg układu moczowego. Kolejnym niebezpieczeństwem związanym z przedostaniem się drobnoustrojów do nerek jest fakt, że to w nich zachodzi filtracja krwi co umożliwia rozwijającym się w tkankach nerek bakteriom przedostanie się do krwioobiegu. Oprócz zakażenia wstępującego opisanego powyżej możliwe jest także zakażenie krwiopochodne. Polega ono na pierwotnym zakażeniu układu krwionośnego skąd bakterie migrują do nerek, które stanowią niejako połączenie tych dwóch układów (krwionośnego i moczowego), doprowadzając w konsekwencji do zapalenia pęcherza moczowego. Schematyczną ilustrację przedstawia rysunek poniżej:

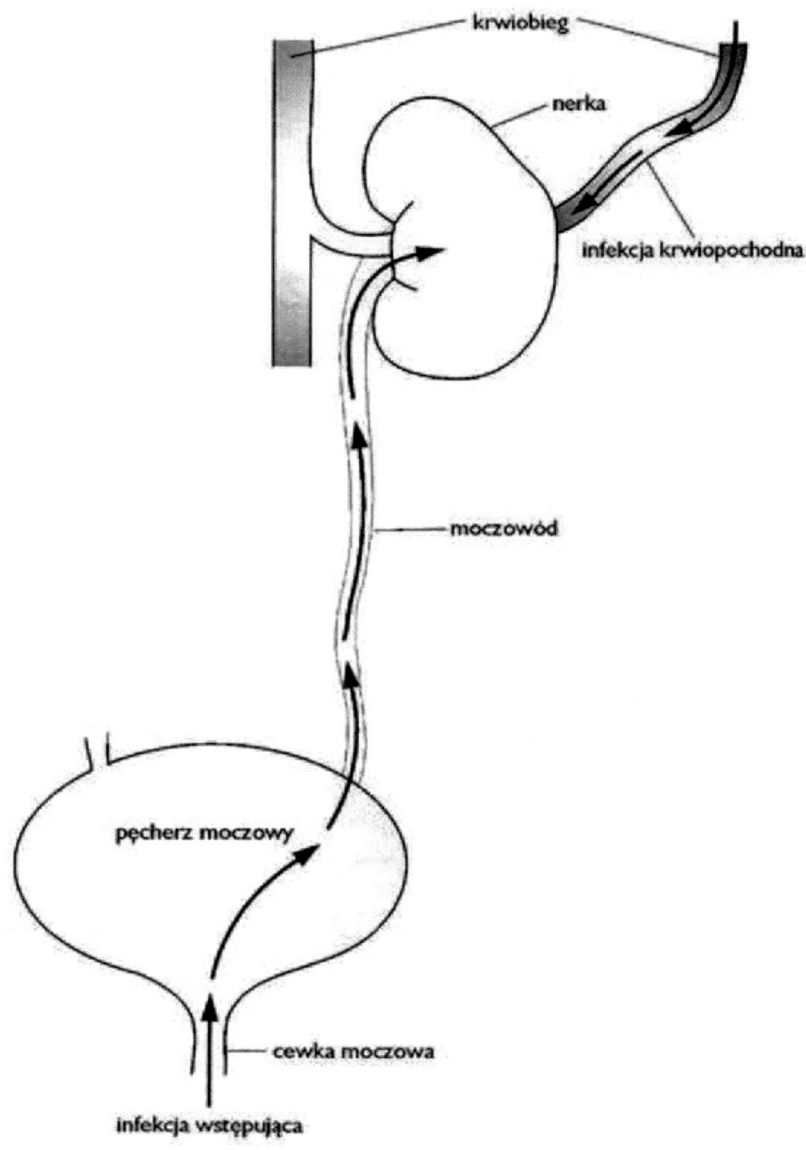

Rys. 2 Schemat zakażeń układu moczowego[2]

_____

[2] źródło: (7)

Różnice w ujściach żeńskich i męskich dróg moczowych przyczyniają się do znacznej przewagi liczby zakażeń układu moczowego występujących u kobiet niż u mężczyzn. Suche i oddalone od odbytu ujście męskich dróg moczowych jest środowiskiem znacznie mniej podatnym na kolonizację niż kobiece będące w bliskim sąsiedztwie odbytu i o większej wilgotności (7). Oprócz różnic w częstości występowania ZUM związanych z płcią, istotny wpływ na podatność zakażeń ma wiek, który jednak nie ma tak drastycznego wpływu w przypadku mężczyzn jaki występuje, u 10 razy częściej cierpiących na infekcje układu moczowego, kobiet. ZUM występuje u 6-8 % dziewcząt w wieku między 5, a 18 rokiem życia. Bakteriuria dotyka 1-3 % kobiet w wieku 15-24 lat, natomiast odsetek ten zwiększa się co 10 kolejnych lat życia o 1-2 %. Skutkuje to tym, że w wieku 60-70 lat od 10 do 20 % kobiet jej doświadcza. Ryzyko infekcji zwiększa ciąża – bakteriurię spotyka się u 4-10% kobiet ciężarnych (2). Dzieje się tak dlatego, że podczas ciąży następuje mechaniczny ucisk na pęcherz oraz moczowody co doprowadza do zastoju moczu. Rozkurczowe działanie progesteronu hormonu, którego stężenie w czasie ciąży znacznie się zwiększa, wpływa na mięśnie gładkie co również ułatwia infekcje. Wzrost stężenia estrogenów przyczynia się natomiast do łatwiejszej adherencji drobnoustrojów do błon śluzowych wyścielających drogi moczowe (1). Agregacja tych wszystkich czynników powoduje że 40 - 50% kobiet przebywa przynajmniej jeden epizod ZUM w ciągu całego życia (2). Kolejnymi bardzo istotnymi czynnikami wpływającymi na zwiększenie łatwości infekcji dróg moczowych są wszelkiego rodzaju choroby nowotworowe, cukrzyca , jak i leczenie immunosupresyjne (występujące np. po przeszczepach) obniżające odporność organizmu na infekcje (6). Kolejnym czynnikiem mającym znaczny wpływ na występowanie ZUM jest obecność kamieni w drogach moczowych. Doprowadzają one do blokady odpływu moczu, a same mogą stanowić rezerwuar dla bakterii (1).

1.4 Czynniki zapobiegające zakażeniom układu moczowego

Oprócz licznych czynników, które sprzyjają lub też w ogóle umożliwiają bakteriom wywoływanie zakażeń układu moczowego istnieje wiele naturalnych mechanizmów obronnych mających na celu obronę przed patogennymi mikroorganizmami. Jedną z podstawowych barier obronnych organizmu stanowią błony śluzowe. To one w pierwszej kolejności narażone są na kontakt z drobnoustrojami, a ich głównym zadaniem jest niedopuszczenie do przedostania się patogenów w głąb tkanek. Taką też rolę pełni błona śluzowa układu moczowego. Różni się ona jednak od innych błon śluzowych występujących w organizmie człowieka. Jej specyficzność polega na systemie immunologicznym, który nie występuje w postaci tkanki limfoidalnej, ale jest pobudzany poprzez antygeny drobnoustrojów. Bariera uropithelialna jest nieprzepuszczalna dla wody, jak również substancji w niej rozpuszczonych. Szczelność taką zapewniają białka należące do rodziny klaudyn i okludyn. Mechanizmy obronne występujące w śluzówce układu moczowego polegają na złuszczaniu się komórek błony śluzowej co ma skutkować usunięciem bakterii z pęcherza. Regeneracja błony śluzowej wywoływana jest w skutek kontaktu fimbrii bakteryjnych z jej komórkami. Zarówno różnicowanie się komórek podstawnych i przejściowych, w celu przekształcenia się ich w komórki błony śluzowej, jak i apoptoza komórek powierzchniowych podlega skomplikowanemu procesowi wielogenowej regulacji. Kontakt fimbrii bakteryjnych z receptorami błony śluzowej powoduje wzrost ekspresji białka klaudyny 4. Występowanie takiej reakcji ma na celu zachowanie szczelności tej bariery biologicznej, kiedy następuje gwałtowne złuszczanie oraz regeneracja komórek śluzówki (8) (9) (10). Kolejnym czynnikiem mającym na celu ochronę przed zakażeniami jest, występujące w moczu, bardzo wysokie stężenie glikoproteiny Tamma-Horsfalla. Zawiera ona reszty cukrowe analogiczne do tych, występujących w błonach śluzowych układu moczowego. To do takich reszt najczęściej wiążą się drobnoustroje. Związanie się ich natomiast z obecną w moczu glikoproteiną zamiast ze śluzówką pozwala na ich wypłukanie i uniemożliwia im kolonizację dróg moczowych (7). Nie są to oczywiście jedyne mechanizmy obronne przed wnikaniem drobnoustrojów, a w konsekwencji infekcjami, które mogą wywoływać. Do równie skutecznych należą: kwaśny odczyn moczu i wydzieliny pochwy, naturalna mikroflora okolicy cewki moczowej i jej ujścia, obecność immunoglobuliny IgA, fagocytarna aktywność leukocytów, mukopolisacharydy błony śluzowej pęcherza moczowego (6).

1.5 Nawracające zakażenia dróg moczowych

Często w przypadku zakażeń układu moczowego dochodzi do ich nawrotu. Z zakażeniem tego typu mamy do czynienia, kiedy w posiewie moczu zostaną wykryte bakterie wskazujące na ZUM dwa razy w ciągu roku u kobiet od 5. roku życia do czasu menopauzy bez anatomicznych czynnościowych zaburzeń w układzie moczowym. Nawrót zakażenia oznacza stwierdzenie obecności tego samego drobnoustroju w posiewie moczu w przeciągu 3 tygodni od wyleczenia infekcji. Jeżeli natomiast w tym czasie stwierdzi się obecność innego drobnoustroju, lub tej samej lecz po 3 tygodniach mówi się o zakażeniu ponownym. Występuje jeszcze seryjne zakażenie układu moczowego, które oznacza dwa i więcej przypadków infekcji w ciągu 8 tygodni (1).

1.6 Czynniki etiologiczne zakażeń układu moczowego

Czynnikami etiologicznymi zakażeń układu moczowego są głównie Gram (-) pałeczki. Dominującą grupą są pałeczki z rodzaju *Enterobacteriaceae*. Wśród tej grupy najczęściej izolowanym patogenem od osób z ZUM jest *Escherichia coli*. W dalszej części pracy przedstawię dane z różnych źródeł mające na celu wykazać ogromne znaczenie tej bakterii w wywoływaniu zakażeń układu moczowego.

1.6.1 Czynniki etiologiczne ZUM ze względu na pacjentów hospitalizowanych i pozaszpitalnych

Odsetek przypadków ZUM wywołanych przez *Escherichia coli* różni się w zależności od tego czy rozpatruje się grupę pacjentów hospitalizowanych czy pozaszpitalnych. W tabeli poniżej przedstawiono procentowy udział poszczególnych bakterii wywołujących zakażenia układu moczowego z podziałem na te dwie grupy pacjentów.

11

Tabela 1 Procentowy udział poszczególnych bakterii odpowiedzialnych za wywoływanie ZUM u pacjentów hospitalizowanych i pozaszpitalnych[3]

Rodzaj bakterii	Chorzy pozaszpitalni [%]	Chorzy hospitalizowani [%]
Escherichia coli	89,2	52,7
Proteus mirabilis	3,2	12,7
Inne *Proteus* spp.	2,4	9,3
Serratia marcescens	0,0	3,3
Staphylococcus epidermidis	1,6	0,7
Staphylococcus aureus	0,0	0,7
Inne	3,6	20,6

Znacznie większe zróżnicowanie mikroorganizmów wywołujących ZUM w przypadku pacjentów hospitalizowanych wynika ze zwiększonej ekspozycji tych chorych na różne rodzaje bakterii, oraz stosowanych u nich antybiotykoterapii z użyciem farmaceutyków o szerokim spektrum działania. Pacjenci hospitalizowani są również poddawani większej ilości zabiegów na układzie moczowym. Szczególną uwagę należy zwrócić na cewnikowanie, które drastycznie podnosi ryzyko wystąpienia infekcji. Te same dane przedstawiono na wykresie (Rys. 3)

---

[3] źródło: (2)

12

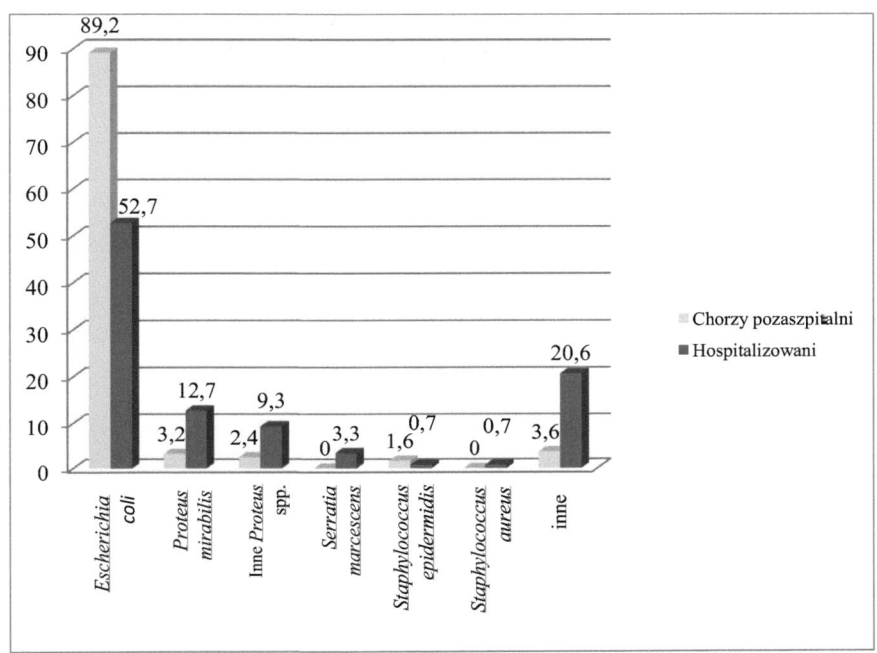

Rys. 3 Procentowy udział poszczególnych mikroorganizmów wywołujących ZUM z uwzględnieniem podziału na chorych hospitalizowanych i pozaszpitalnych[4]

Z wykresu (rys.3) jednoznacznie wynika jak duże znaczenie w przypadku zakażeń układu moczowego odgrywa *Escherichia coli*. W przypadku chorych niehospitalizowanych blisko 90% wszystkich wystąpień ZUM zostało wywołane przez tę bakterię. Ponad połowa zakażeń u pacjentów hospitalizowanych została wywołana przez *Escherichia coli*. Te dane pozwalają uznać tę Gram (-) pałeczkę za główny czynnik etiologiczny zakażeń układu moczowego. W poprawności założenia, iż znakomita większość przypadków ZUM wywoływana jest przez *Escherichia coli* utwierdzają badania przeprowadzone przez lekarzy ze Szpitala Klinicznego Dzieciątka Jezus – Centrum Leczenia Obrażeń w Warszawie. Badania te zostały przeprowadzone w oparciu o analizę 6131 próbek moczu. Spośród tych wszystkich przebadanych próbek w 1660 przypadkach stwierdzono obecność mikroorganizmów. Najwięcej dodatnich próbek pochodziło od pacjentów z Oddziałów Transplantologii.

---

[4] źródło: opracowanie własne na podstawie (2)

13

Biorąc pod uwagę pulę próbek, w których wykryto obecność uropatogenów, blisko 86% z nich stanowiły pałeczki z rodzaju *Enterobakteriaceae,* wśród których 57,4% stanowiły *E. coli.*

1.6.2 Czynniki etiologiczne nawracających zakażeń układu moczowego

Po wyleczeniu zakażenia układu moczowego w bardzo wielu przypadkach dochodzi do powtórnego wystąpienia infekcji w niedługim odstępie czasu. Z przeprowadzonych badań wynika, że *E. coli* jest głównym czynnikiem etiologicznym zakażeń układu moczowego z czego w 80% przypadków bakterie te odpowiedzialne są za zakażenia pierwotne, a w 60% przypadków za infekcje nawracające. Procentowy udział poszczególnych drobnoustrojów odpowiedzialnych za zakażenia pierwotne i nawracające układu moczowego przedstawiono w tabeli nr 2.

Tabela 2 Procentowy udział bakterii odpowiedzialnych za wywoływanie zakażeń pierwotnych i nawracających układu moczowego[5]

Rodzaj bakterii	Pierwsze zakażenie lub nawrót odwleczony w czasie [%]	Zakażenie nawracające [%]
Escherichia coli	71-78	60
Proteus mirabilit	1,1-9,7	15
Klebsiella ssp.	-	20
Enterobacter ssp.	1,0-9,2	-
Enterococcus ssp.	1,0-3,2	-
Staphylococcus saprophyticus	3-7	-
Inne	2-6	5

[5] źródło: (32)

14

Ilustrację graficzną struktury czynników etiologicznych wywołujących nawracające zakażenia układu moczowego przedstawiono na rys. 4.

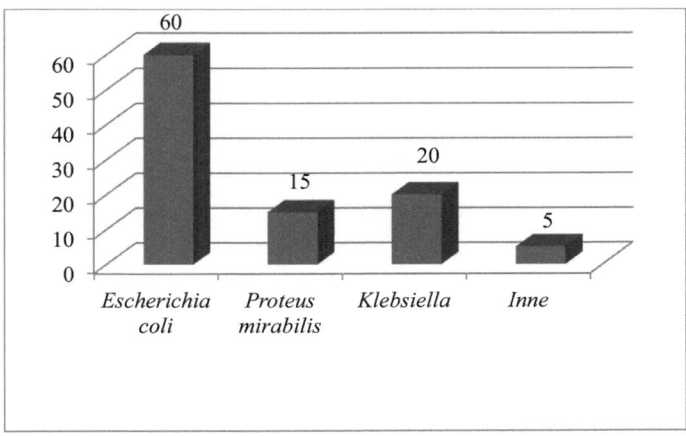

Rys. 4 Procentowy udział poszczególnych mikroorganizmów w wywoływaniu nawracających zakażeń układu moczowego [6]

2 Czynniki wirulencji i patogenność drobnoustrojów

2.1 Informacje ogólne i definicja

Patogenność inaczej zwana chorobotwórczością drobnoustroju jest rozumiana jako zdolność do wywoływania choroby w organizmie gospodarza wraz z wystąpieniem objawów klinicznych. Patogenność drobnoustrojów wyrażana jest poprzez wirulencję, która określa ich stopień zjadliwości. Istnieją dwa podejścia, z których jedno opisuje wirulencję jako niezależną cechę drobnoustroju, drugie odnosi się do relacji patogen-gospodarz i ściśle wiąże się z układem immunologicznym gospodarza (11). To układ immunologiczny odpowiedzialny jest za zwalczanie wszelkich patogenów dostających się do organizmu gospodarza (człowieka). Z tego punktu widzenia czynniki wirulencji danego mikroorganizmu mają służyć mu po to, by móc przeciwstawić się reakcjom obronnym infekowanego organizmu, jak również umożliwić mu przetrwanie i namnażanie się w jego komórkach.

---

[6] źródło: opracowanie własne na podstawie (32)

Można wyróżnić kilka grup czynników wirulencji, z których każda ma inną rolę w umożliwieniu wywołania infekcji przez dany mikroorganizm. Do grup tych należą czynniki odpowiedzialne za:

- toksyczność, czyli zdolność do niszczenia komórek gospodarza poprzez egzotoksyny, endotoksyny bądź też ptomainy.
- agresywność zwaną inaczej inwazyjnością, zapewnia przeżycie i namnażanie się drobnoustrojów. Przejawia się ona poprzez produkcję substancji hamujących, bądź też niszczących mechanizmy obronne gospodarza, enzymy proteolityczne, otoczki oraz inwazyny.
- zakaźność (infekcyjność), która związana jest ze wszystkimi czynnikami dotyczącymi replikacji oraz z przenoszeniem się mikroorganizmu do nowego gospodarza.
- adherencja, która odpowiada za wiązanie się do komórek gospodarza.
- zróżnicowanie antygenowe, które podnosi zdolność mikroorganizmu do przeciwstawienia się układowi immunologicznemu gospodarza. (11)

2.2 Czynniki wirulencji uropatogennych szczepów *Escherichia coli*

Escherichia coli jest bakterią bardzo zróżnicowaną. Zasiedla różne nisze ekologiczne oraz charakteryzuje się szerokim spektrum gospodarzy. Jest bakterią saprofityczną i uczestniczy w tworzeniu naturalnej mikroflory układu pokarmowego wielu organizmów, ale również może być przyczyną niebezpiecznych chorób włączając w to choroby stanowiące zagrożenie dla życia (12). Z racji tak wielu infekcji wywoływanych przez ten mikroorganizm wyróżniono kilka grup patogennych szczepów tzw. patotypów *Escherichia coli*: enterotoksygenne (ETEC), enteropatogenne (EPEC), enterokwotoczne (EHEC), enteroinwazyjne (EIEC), enteroagregacyjne (EAEC), **uropatogenne (UPEC),** odpowiedzialne za zapalenie otrzewnej. związane z zapaleniem opon mózgowo-rdzeniowych u noworodków (MNEC) (11).

Za wirulencję uropatogennych szczepów *Escherichia coli* (UPEC) odpowiadają czynniki wirulencji. W przeciągu ostatnich dziesięciu lat wykryto dwa dotąd niepoznane: bakteryjna proteaza błonowa (OmpT) oraz cytotoksyczny czynnik nekrotyzujący (CNF 1). Wśród czynników wirulencji wyróżnia się także : adhezyny, siderofory, toksyny, otoczki i proteazy (13).

2.2.1 Patogenność a genom

W wielu przypadkach patogenność drobnoustrojów związana jest z obecnością genów kodujących czynniki wirulencji zorganizowanych w struktury zwane wyspami patogenności. Szereg zidentyfikowanych odcinków DNA uropatogennych szczepów *Escherichia coli* nie należy do tzw. „housekeeping genes" i nie można ich znaleźć w referencyjnym szczepie K-12. Brak wielu genów odpowiedzialnych za posiadanie przez bakterie czynników wirulencji sprawia, że genom szczepu K-12 jest jednym z najmniejszych spośród *Escherichia coli*. Ma on wielkość 4,6 Mb, podczas gdy średnia wielkość genomu bakterii z tego gatunku waha się pomiędzy 4,5, a 5,5 Mb. (13) Ponadto szczepy UPEC posiadają od 8% do 22% więcej otwartych ramek odczytu w porównaniu ze szczepami K-12. Pokazuje to, jak wielki udział w całym genomie mają geny, których obecność nie jest niezbędna do wzrostu i namnażania się w warunkach środowiska naturalnego tych mikroorganizmów. Wśród pozostałego materiału genetycznego znajdują się między innymi odcinki kodujące liczne czynniki wirulencji. Rys. 5 obrazuje zróżnicowanie genomów trzech szczepów *E. coli*.

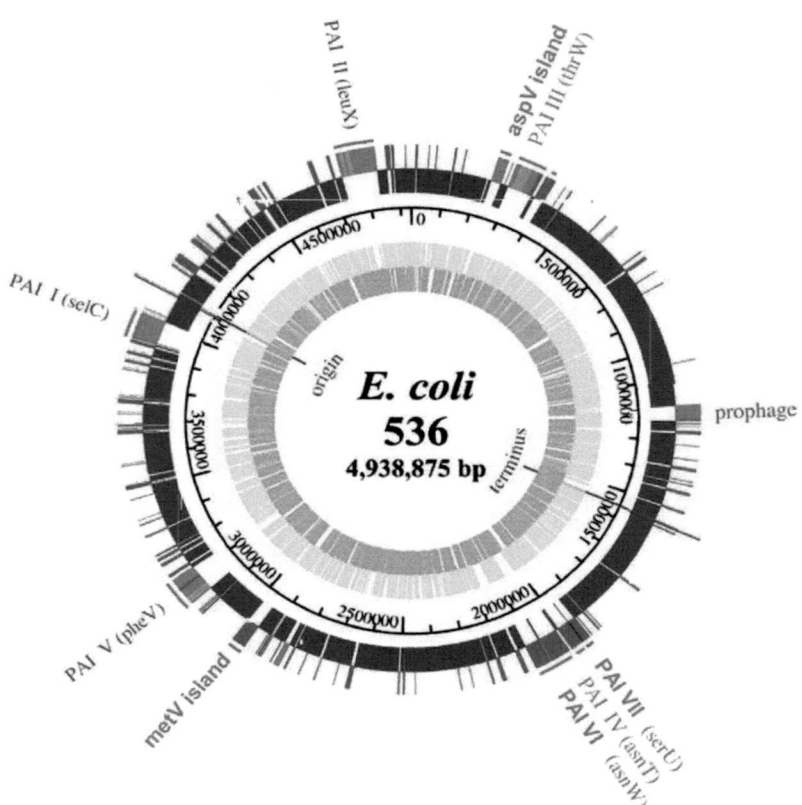

Rys. 5 Schematyczne porównanie genomów 2 patogennych i niepatogennego szczepu *Escherichia coli*. Na zewnętrznym okręgu, na niebiesko zaznaczono geny występujące we wszystkich trzech badanych szczepach *Escherichia coli* tzn. dwóch patogennych i jednym nie posiadającym właściwości chorobotwórczych. Geny zaznaczone na czerwono obecne były jedynie u szczepów patogennych (szczep 536 i CFT073). Zielony kolor oznacza geny występujące tylko w szczepie 536 natomiast kolorem pomarańczowym oznaczono te geny, których położenie różni suę w obu patogennych szczepach. Na rysunku zlokalizowane są również wyspy patogenności (PAI) [7]

---

[7] źródło: (33)

2.2.2 Charakterystyka głównych czynników wirulencji UPEC

Uropatogenne szczepy *Escherichia coli* wykształciły liczne mechanizmy umożliwiające im efektywną kolonizację i utrzymywanie się w układzie moczowym. W dalszej części pracy przedstawię podstawowe strategie wykorzystywane przez te mikroorganizmy do wywoływania infekcji układu moczowego oraz elementy umożliwiające im przetrwanie w nieprzyjaznym środowisku dróg moczowych.

2.2.2.1 Fimbrie

Podstawową cechą UPEC umożliwiającą im adherencję do komórek nabłonka dróg moczowych jest posiadanie przez nie różnego rodzaju fimbrii. To dzięki nim bakterie nie są wypłukiwane z układu moczowego wraz ze strumieniem moczu. Są one odpowiedzialne za pierwszy etap na drodze wywołania zakażenia układu moczowego. Posiadają charakterystyczną strukturę filamentarną. Składają się z homologicznych podjednostek budujących fimbrię, natomiast zakończone są białkiem (adhezyną) odpowiedzialnym za specyficzne wiązanie się z komórkami nabłonka co umożliwia późniejsze wniknięcie do wewnątrz komórek budujących układ moczowy gospodarza. Na rys. 6 widoczne są liczne fimbrie obecne na powierzchni komórki *Escherichia coli*. Zdjęcie zostało wykonane za pomocą mikroskopu elektronowego.

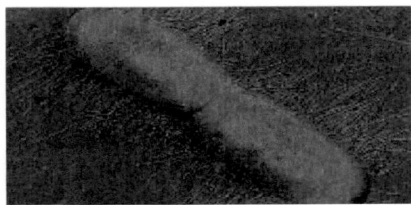

Rys. 6 Obraz z mikroskopu elektronowego przedstawiający fimbrie na powierzchni komórki bakteryjnej[8]

2.2.2.1.1 Fimbrie typu 1

Fimbrie typu 1 umożliwiają uropatogennym szczepom *Escherichia coli* adhezję i kolonizację komórek pęcherza moczowego gospodarza. (14) Jest to bardzo powszechny czynnik wirulencji u *Escherichia coli*, gdyż od 50-70 % wszystkich

---

[8] źródło: (32)

szczepów posiada zdeterminowane chromosomalnie fimbrie typu 1. Za syntezę fimbrii odpowiedzialne są geny: *fim*A, *fim*B, *fim*C oraz *fim*D. Natomiast za właściwości adhezyjne odpowiadają geny: *fim*F, *fim*G oraz *fim*H. Receptorem dla fimbrii tego rodzaju są oligosacharydy mannozy. (15) Ekspresja genów odpowiedzialnych za tworzenie fimbrii typu 1 jest kontrolowana na poziomie transkrypcji. Za przełączanie się komórek pomiędzy dwiema fazami (tej, w której pile są produkowane, bądź też nie) odpowiedzialne są rekombinazy, które powodują inwersję elementu promotorowego, pod którego kontrolą znajdują się geny strukturalne fimbrii. Do tych rekombinaz zaliczają się: FimB oraz FimE, a także ostatnio zidentyfikowane IpuA i IpbA. (16) Te adhezyjne organella zbudowane są z powtarzających się podjednostek FimA o szerokości 7 nm. Synteza fimbrii odbywa się za pomocą ścieżki chaperoneuscher. Na końcu fimbrii znajduje się krótki odcinek końcowy o szerokości 3 nm złożony z dwóch podjednostek adaptorowych FimF i FimG oraz adhezyny FimH odpowiedzialnej za wiązanie mannozy. FimH składa się z domeny C-terminalnej odpowiedzialnej za wiązanie z pozostałym odcinkiem pili oraz N-terminalnej domeny adhezyjnej. Receptorami dla adhezyny FimH są uroplakiny oraz integryny β-1 i α-3. (17) (18) (19)

2.2.2.1.2 Fimbrie typu P

Fimbrie typu P są odpowiedzialne za adherencję bakterii do komórek nerek i wywoływanie odmiedniczkowego zapalenia nerek. (20) Każda z pili zbudowana jest z 10^3 helikalnie spolimeryzowanych podjednostek PapA. Biosynteza fimbrii typu P odbywa się za pośrednictwem mechanizmu „chaperone-uscher". Tworzą one prawoskrętna helisę o skoku 2,5 nm. Zaś na jeden skręt przypada 3,3 podjednostki. Pile te osiągają długość do 7 μm i średnicę 6,8 nm. Podjednostkami odpowiedzialnymi za adherencję do komórek gospodarza są: PapE, PapF oraz PapG. (21) (22) Strukturę operonu przedstawia rys. 7 .

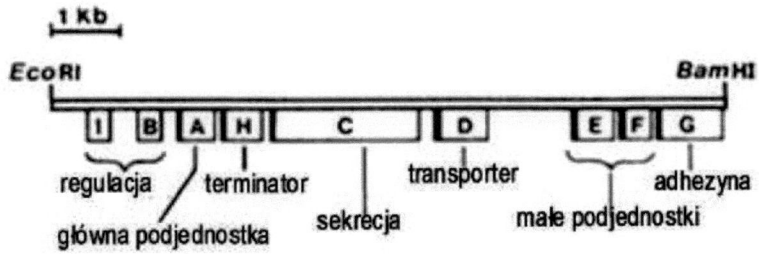

Rys. 7 Struktura operonu odpowiedzialnego za produkcję pili typu P[9]

Receptorem, do którego wiążą się te fimbrie jest antygen krwi P będący glikosfingolipidem. (23)

2.2.2.1.3 Fimbrie typu Dr

Fimbrie typu Dr umożliwiają bakteriom infekcje górnego odcinka dróg moczowych. Receptorem dla tego rodzaju fimbrii jest receptor DAF obecny na powierzchni komórek nabłonka oraz erytrocytów. Do tego receptora wiążą się podjednostki DraE tworzące podstawową strukturę fimbrii, ale jednocześnie pełnią rolę adhezyjną. Oprócz białek adhezyjnych fimbrie Dr posiadają białko DraD będące inwazyną. Receptorem rozpoznawanym przez DraD jest integryna $\alpha_5\beta_1$. Cały operon odpowiedzialny za syntezę fimbrii Dr składa się z sześciu otwartych ramek odczytu, a jego struktura przedstawiona jest na rys. 8.

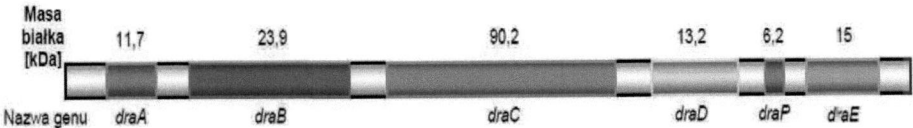

Rys. 8 Schemat operonu *dra*[10]

Za regulację transkrypcji tego operonu odpowiadają białka DraA i DraP. Pozostałe białka umożliwiają sekrecję podjednostek tworzących fimbrie w szlaku syntezy „chaperone-usher". (24)

---

[9] źródło : opracowanie własne na podstawie (21)
[10] źródło: (24)

21

2.2.2.1.4 Fimbrie typu S

Fimbrie typu S są eksprymowane dzięki obecności operonu *sfa*. U uropatogennych szczepów *Escherichia coli* operon ten nosi nazwę *sfaI*, gdyż operony kodujące fimbrie typu S różnią się między sobą w zależności od tego jakie zakażenia wywołuje dany mikroorganizm. W przypadku zapalenia opon mózgowych, izolaty posiadały operon *sfaII*. Obecność tych fimbrii jest bardziej charakterystyczna dla bakterii wywołujących zapalenia opon mózgowych wśród noworodków niż tych wywołujących zakażenia układu moczowego. (25) Receptorem dla tego rodzaju fimbrii jest kwas sialowy. Na rys. 9 przedstawiono strukturę operonu *sfa* (21).

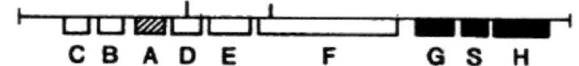

Rys. 9 Schemat operonu *sfa*[11]

Morfologicznie fimbie S są podobne do fimbrii typu 1 i P. Ich długość dochodzi do 2 µm, a średnica wynosi 5-7 nm. Podjednostką tworzącą podstawową strukturę fimbrii jest SfaA. Za specyficzną adhezję do kwasu sialowego odpowiada adhezyna SfaS. Natomiast cały kompleks adhezyjny tworzony jest jeszcze przez podjednostki: SfaG, SfaH i SfaA. Ekspresja genów z operonu *sfa* regulowana jest przez białka SfaB i SfaC. (15) (26)

2.2.2.2 Toksyny

Oprócz wytwarzania przez mikroorganizmy czynników wirulencji umożliwiającym im adherencję do komórek gospodarza, są one zdolne również do syntezy substancji toksycznych umożliwiających drobnoustrojom walkę z układem immunologicznym gospodarza jak również internalizację jego komórek.

2.2.2.2.1 Białko Usp

Białko Usp jest powszechnym białkiem stresowym występującym u bakterii, archebakterii i eukariota. *Escherichia coli* posiada sześć genów *usp*. Należą do nich: *uspA, uspC, uspD, uspE, uspF* i *uspG*. Ekspresja tych genów wywoływana jest przez różnorodne czynniki i sygnały pochodzące ze środowiska. Jednak funkcje pełnione

---

[11] źródło: (21)

przez poszczególne białka nie są łatwe do rozdzielenia i często nakładają się one na siebie. Białka UspA, UspD, UspF i UspG eksprymowane są w odpowiedzi na stres oksydacyjny. Oporność na streptonigrynę zapewniają: UspD, UspF oraz UspG. Zdolności agregacyjne bakterii związane są ze zdolnością do produkcji białek: UspC, UspG i UspE. Zdolność adhezyjna bakterii związana z obecnością fimbrii wzrasta poprzez ekspresję białek: UspF, i UspG natomiast obniża się za sprawą UspC i UspE. Inaktywacja białek UspC i UspE hamuje ruchliwość bakterii. Pozyskiwanie żelaza ze środowiska wspomagane jest poprzez UspF, UspG, oraz UspD. (27) Informacje te przedstawiono na rys. 10.

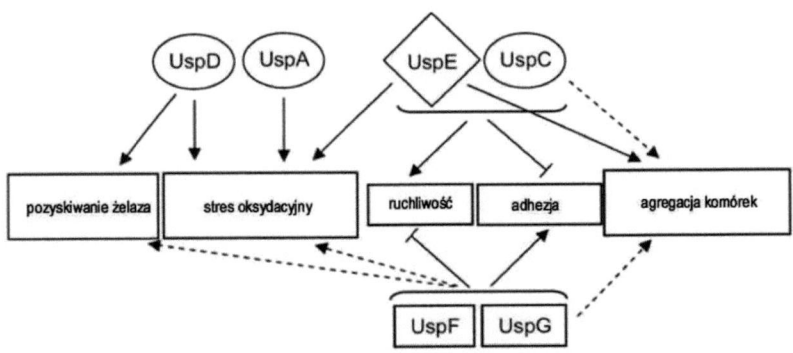

Rys. 10 Schemat przedstawiający role poszczególnych białek Usp. Linie ciągłe przedstawiają znaczący wpływ danego białka na czynniki zaznaczone w prostokątach natomiast przerywane linie oznaczają mniejszy wpływ. Linie zakończone grotem oznaczają pozytywny wpływ poszczególnych białek na czynniki opisane w prostokątach natomiast „tępe" zakończenia oznaczają efekt negatywny. Kształty, w których wpisane są nazwy poszczególnych białek odpowiadają odpowiednim klasom: kółko oznacza klasę I, prostokąt II a romb III i IV [12]

2.2.2.2.2 Hemolizyna α

Hemolizyna α należy do rodziny cytotoksyn RTX syntezowanych przez chorobotwórcze bakterie Gram (-). Każda z nich ulega charakterystycznej modyfikacji potranslacyjnej. Operon *hly* odpowiedzialny za syntezę hemolizyny α składa się z 4 genów strukturalnych, do których należą: *hyc, hlyA, hlyB* oraz *hlyD*. HlyA jest białkiem nieaktywnym stanowiącym prekursor hemolizyny. Dopiero białko HlyC katalizuje acylację dwóch reszt lizynowych w białku prekursorowym, co powoduje

---

[12] źródło: opracowanie własne na podstawie (27)

jego przekształcenie do formy aktywnej. Białka HlyB i HlyD umożliwiają transport hemolizyny (HlyA) przez błonę wewnętrzną. Wydzielenie aktywnej cząsteczki HlyA na zewnątrz komórki możliwe jest dzięki obecności transbłonowego białka porynowopodobnego TolC. Jest ono kodowane przez gen *tolC*, który znajduje się poza operonem *hly*. Hemolizyna α wykazuje aktywność cytolityczną w stosunku do: erytrocytów, granulocytów, monocytów, komórek śródbłonka, komórek nabłonka kanalików nerkowych myszy i naczelnych oraz przeżuwaczy. Wiązanie do błon erytrocytów jest procesem nieodwracalnym i nieograniczonym co oznacza, że ilość HlyA związanej z erytrocytami rośne zgodnie z modelem funkcji liniowej, a liczba cząsteczek hemolizyny związanej z jedną cząsteczką krwinki czerwonej w najwyższych stężeniach wynosi 50000. Jej wiązanie również ze sztucznymi błonami świadczy o braku specyficznych receptorów dla tej toksyny. Oprócz aktywności cytolitycznej duże znaczenie w przypadku hemolizyny α ma jej wpływ na syntezę cytokin takich jak np. IL-6, IL-8, TNFα. Skutkami działania HlyA jest „wybuch tlenowy", który doprowadza do uwalniania ziarnistości granulocytów, apoptozy limfocytów oraz zaburzenia przepuszczalności błon plazmatycznych. (28)

2.2.2.2.3 Cytotoksyczny czynnik nekrotyzujący

Cytotoksyczny czynnik nekrotyzujący (CNF1) jest białkiem o masie cząsteczkowej około 115 kDa. Celem dla tej toksyny są białka z rodziny Rho. CNF1katalizuje reakcję deamidacji reszty glutaminy w białkach: RhoA, Rac i Cdc42. W wyniku deamidacji reszta glutaminy zostaje przekształcona w kwas glutaminowy. Powoduje to utratę aktywności GTPazy przez białka które uległy deamidacji. Powoduje t zaburzenie funkcji pełnionej przez białka Rho, które odpowiedzialne są za funkcje regulacyjne w komórce. Kiedy cząsteczka GTP zwiąże się z białkiem Rho, powoduje to jego aktywację co w konsekwencji prowadzi do aktywacji innych enzymów takich jak np. kinazy. W momencie hydrolizy GTP do GDP białka Rho stają się nieaktywne, przez co tracą swoją funkcję sygnalną dla innych enzymów. Pozbawienie zatem białek z rodziny Rho zdolności do hydrolizy GTP powoduje, że są one permanentnie zdolne do aktywacji innych enzymów, co w konsekwencji prowadzi do zaburzeń w funkcjonowaniu komórek. Ten mechanizm regulacji zapewnia poprawne funkcjonowanie np. polimorfonuklearnym neutrofilom. Komórki te pełnią ważne funkcje w obronie przed mikroorganizmami. Cytotoksyczny czynnik nekrotyzujący powoduje morfologiczne zmiany tych neutrofili poprzez reorganizację aktyny tworzącej cytoszkielet. Ponadto zwiększa się zdolność adherencji tych komórek do nabłonka. W połączeniu ze zwiększoną produkcją reaktywnych form tlenu przez polimorfonuklearne neutrofile skutkuje to uszkodzeniami komórek nabłonka, które stają się bardziej przepuszczalne dla mikroorganizmów umożliwiając ich transmisję. CNF1 odpowiedzialny jest również za spadek zdolności do fagocytozy mikroorganizmów przez komórki układu odpornościowego. Po 16-godzinnej ekspozycji komórek neutrofili na działanie CNF1 liczba komórek bakteryjnych, które uległy fagocytozie spada o 75% w stosunku do sytuacji, kiedy komórki odpornościowe nie są poddawane działaniu cytotoksycznego czynnika nekrotyzującego. (29) (30) (31) Schematycznie mechanizm działania CNF1 przedstawiono na rysunku nr 9.

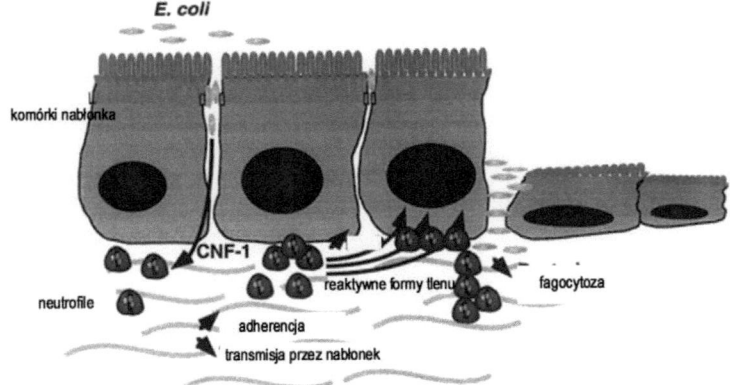

Rys. 11 Schematyczny mechanizm działania CNF1[13]

2.2.2.3 Siderofory

Jony żelaza są kluczowe dla wielu procesów zachodzących w komórkach. Stąd istotną umiejętnością mikroorganizmów musi być pozyskiwanie żelaza z organizmu gospodarza, by móc namnażać się i przeżyć w jego środowisku. Biorąc pod uwagę, że bakterie do wzrostu wymagają stężenia jonów żelaza w cytoplazmie na poziomie

---

[13] źródło: opracowanie własne na podstawie (30)

25

10^{-8} M, a ich stężenie we krwi wynosi 10^{-25} M musiały zostać wykształcone sposoby na bardzo wydajne pozyskiwanie wolnych jonów żelaza. Jedną z takich strategii jest produkcja sideroforów. Są to małocząsteczkowe związki o dużym powinowactwie do jonów żelaza Fe^{3+}. Po ich związaniu bakterie odzyskują kompleksy sideroforów z Fe^{3+} dzięki posiadanym przez nie receptorom. Po przetransportowaniu tych kompleksów do cytozolu następuje uwolnienie jonów żelaza. Przykładem takiego związku może być enterobaktyna której powinowactwo do jonów żelaza jest wyższe od tego jakie posiada transferyna (enzym służący do transportu żelaza u ssaków). Zdolność do biosyntezy enterobaktyny umożliwia drobnoustrojom zasiedlanie bardzo ubogich w żelazo miejsc organizmu gospodarza, do których należy m.in. układ moczowy. Organizm gospodarza wykształcił mechanizmy obronne przeciwko enterobaktynie. Białko lipokalina 2 produkowana przez aktywowane neutrofile zdolna jest do wiązania tego bakteryjnego sideroforu co uniemożliwia dostarczanie przez niego jonów żelaza do komórek bakterii. Z drugiej jednak strony mikroorganizmy potrafią się bronić przed tego typu działaniami gospodarza poprzez glukozylację enterobaktyny, która staje się nierozpoznawalna dla lipokaliny 2. (12)

3 Genotypowanie i wykrywanie czynników wirulencji

Genotypowanie mikroorganizmów pozwala na określenie czy dane szczepy w obrębie tego samego gatunku, które posiadają często takie same właściwości fenotypowe są identyczne na poziomie materiału genetycznego, czy też różnią się między sobą. Wykorzystanie metod genotypowania jest obecnie kluczowe w przypadku badań epidemiologicznych. Porównywanie profili genetycznych umożliwia rozpoznanie źródła zakażenia, jak również dróg transmisji mikroorganizmów oraz określenia ich klonalności.

Najpewniejsze i najszybsze wykrywanie czynników wirulencji odbywa się dzięki zastosowaniu reakcji PCR i jej odmian. Obecność danego czynnika wirulencji można szybko i bezbłędnie wykryć na poziomie molekularnym poprzez amplifikację fragmentu genu kodującego dany czynnik wirulencji.

3.1 Metody genotypowania mikroorganizmów – PCR MP

Metody genotypowania mikroorganizmów w diagnostyce mają na celu porównywanie szczepów na poziomie molekularnym i wyciąganie wniosków co do pokrewieństwa genetycznego szczepów. Metody genotypowania wykazują wyższy potencjał różnicujący niż metody mikrobiologii klasycznej oparte na fenotypowej analizie cech mikroorganizmów. Istnieje wiele strategii porównywania materiału genetycznego drobnoustrojów. Analizie można poddawać cały genom, fragmenty lub ograniczyć się jedynie do DNA plazmidowego. Najczęściej analiza materiału genetycznego odbywa się z zastosowaniem reakcji PCR i detekcji produktów amplifikacji za pomocą rozdziału elektroforetycznego.. Uzyskane profile elektroforetyczne amplikonów są podstawą do analizy porównawczej danych mikroorganizmów.

Metody typowania genetycznego wykorzystujące enzymy restrykcyjne, ligację adaptorów oligonukleotydowych i reakcje PCR określa się jako LM PCR (ang. Ligation Mediated PCR) . Do tej grupy należy metoda PCR MP (PCR Melting Profiles).

Jedną z metod zaliczanych do tej grupy jest PCR MP (ang. Melting Profiles). Do fragmentów DNA powstałych po trawieniu dołącza się krótkie adaptory. Startery do reakcji PCR są zaprojektowane tak, aby były komplementarne do adaptora i miejsca rozpoznania dla enzymu restrykcyjnego. Selekcja fragmentów, które ulegną amplifikacji odbywa się za pomocą doboru odpowiedniej temperatury denaturacji podczas reakcji PCR. Różnica zarówno w długości fragmentów, jak i ich sekwencji powoduje, że posiadają one różne temperatury topnienia. Dzięki temu obniżając temperaturę denaturacji jesteśmy w stanie ograniczyć liczbę fragmentów, które ulegną denaturacji i będą mogły zostać zamplifikowane. Metoda ta znalazła zastosowanie do typowania genetycznego *E. coli* (32), *Staphylococcus aureus* (33), *Klebsiella oxytoca* (34), *Enterococcus faecium* (35), *Candida albicans* (36). Schemat reakcji PCR MP przedstawiono na rys. 12.

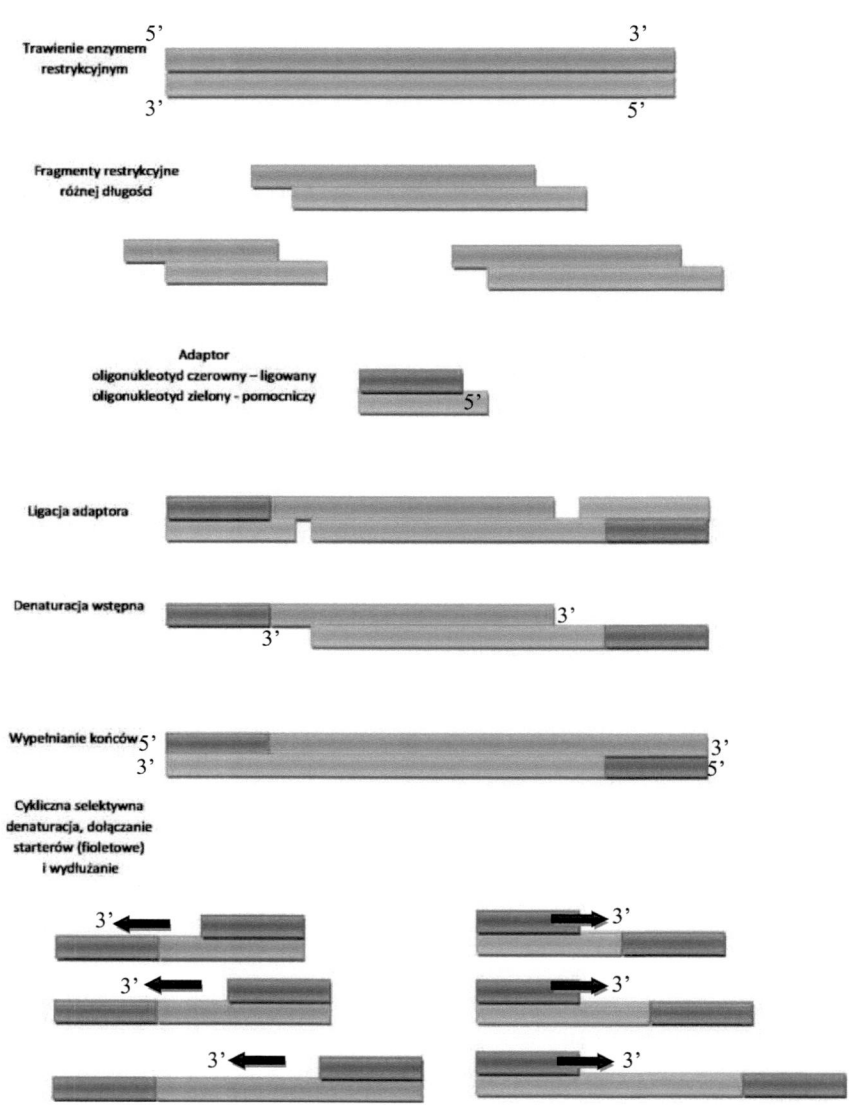

Rys. 12 Schemat PCR MP[14]

---

[14] źródło: Opracowanie własne na podstawie (35)

3.2 Wykrywanie czynników wirulencji

Obecnie do najbardziej czułych i najpewniejszych metod wykrywania czynników wirulencji należą metody molekularne oparte na reakcji PCR. Pozwala ona wykryć obecność genu/ów odpowiedzialnych za dany czynnik wirulencji.

3.2.1 Reakcja PCR

Standardowa reakcja PCR może służyć wykrywaniu odcinka DNA kodującego poszukiwany czynnik wirulencji. W celu przeprowadzenia identyfikacji należy najpierw zaprojektować specyficzne startery w oparciu o znaną sekwencję genu związanego z badanym czynnikiem wirulencji. Znając sekwencję genu oraz starterów można przewidzieć wielkość produktu powstałego w wyniku amplifikacji. Obecność prążków, na wysokości odpowiadającej przewidywanym produktom, w żelu po rozdziale elektroforetycznym produktów reakcji PCR pozwala na określenie czy dany mikroorganizm posiada geny odpowiedzialne za ekspresję danego czynnika wirulencji czy też nie (nie można natomiast stwierdzić czy następuje ekspresja danego genu).

Stosując reakcję złożonego PCR można wykryć więcej niż jeden czynnik wirulencji w jednej reakcji co znacznie skraca czas oraz obniża koszty wykrywania czynników wirulencji. W związku jednak z tym, że w jednej probówce znajdują się startery specyficzne do wszystkich celów molekularnych, które są przedmiotem badania, a stosowany profil temperaturowo-czasowy reakcji musi być uśredniony mogą pojawiać się problemy w postaci niespecyficznych produktów, bądź nierównomiernej intensywności amplifikacji różnych celów molekularnych.

4 Materiały i metody

Ogólną strategię działania postępowania badawczego przedstawiono na rys. 13.

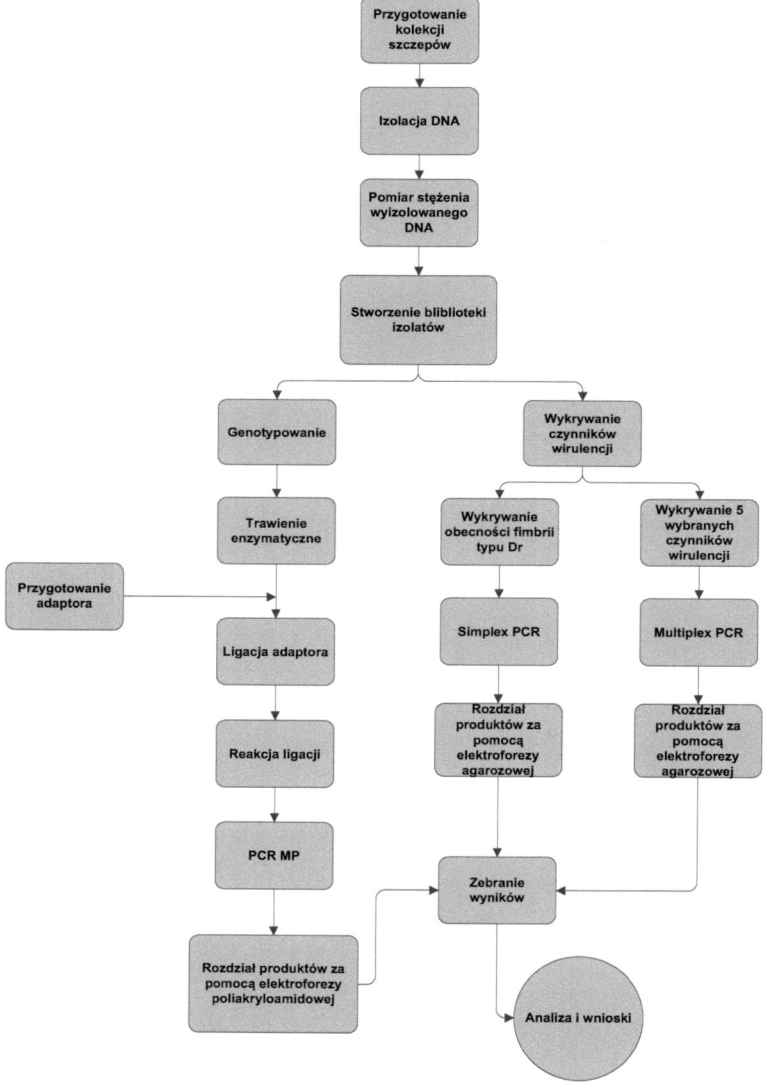

Rys. 13 Schemat postępowania badawczego[15]

---

[15] źródło: opracowanie własne

4.1 Tworzenie kolekcji izolatów szczepów *Escherichia coli* od pacjentów Gdańskiego Uniwersytetu Medycznego z kliniki Nefrologii, Transplantologii i Chorób Wewnętrznych oraz Poradni Nefrologicznej oraz kolekcji DNA tych izolatów

4.1.1 Materiały

4.1.1.1 Podłoża mikrobiologiczne

− Agar Columbia + 5% krwi baraniej firmy Biomerieux
− Agar Mac Conkey'a firmy Biomerieux
− Agar Mueller Hinton 2 firmy Biomerieux
− skosy agarowe

4.1.1.2 Aparatura

− system Vitek 2 firmy Biomerieux
− wirówka firmy Eppendorf
− aparat NanoDrop
− cieplarki

4.1.1.3 Sprzęt laboratoryjny

− pipety
− tipsy
− wymazówki
− ezy
− zestaw do izolacji genomowego DNA Genomic Mini firmy A&A biotechnology

4.1.2 Metody

− identyfiakcja mikroorganizmów z zastosowaniem systemu Vitek 2
− posiewy *Escherichia coli* na podłoża krwawe, Mueller-Hintona oraz skosy agarowe

- izolacja genomowego DNA zgodnie z protokołem zestawu Genomic Mini firmy A&A Biotechnology
- pomiar stężenia wyizolowanego DNA za pomocą aparatu NanoDrop

4.1.3 Kolekcja izolatów oraz wyizolowanego DNA

Tabela 3 Charakterystyka kolekcji izolatów oraz wyizolowanego DNA

Nr pacjenta	L.p. izolatu	Wiek pacjenta	Płeć pacjenta	Materiał	Data pobrania	Stężenie wyizolowanego DNA [ng/µl]
1	1	60	M	Krew	27.09.2009	34,7
1	2	60	M	Krew	27.09.2009	35,0
1	3	60	M	Krew	27.09.2009	39,0
1	4	60	M	Krew	27.09.2009	26,0
1	5	60	M	Mocz	27.09.2009	44,3
1	6	60	M	Mocz	27.09.2009	54,3
1	7	60	M	Krew	26.09.2009	29,6
1	8	60	M	Krew	26.09.2009	33,6
1	9	60	M	Mocz	26.09.2009	29,9
1	10	60	M	Mocz	26.09.2009	14,3
1	11	60	M	Krew	19.10.2009	51,0
1	12	60	M	Krew	19.10.2009	50,5
1	13	60	M	Mocz	19.10.2009	31,5
1	14	60	M	Mocz	19.10.2009	66,3
2	15	64	M	Krew	23.08.2009	45,3
2	16	64	M	Mocz	28.09.2009	21,1
2	17	64	M	Mocz	24.08.2009	42,8
2	18	64	M	Treść z drenu	28.09.2009	25,2
3	19	59	K	Krew	7.01.2009	87,5
3	20	59	K	Mocz	28.01.2009	43,5
4	21	46	K	Krew	29.04.2009	31,4
4	22	46	K	Krew	29.04.2009	42,9
4	23	46	K	Mocz	29.04.2009	30,5
4	24	46	K	Mocz	29.04.2009	64,2
5	25	38	K	Krew	21.04.2009	431,8

Nr pacjenta	L.p. izolatu	Wiek pacjenta	Płeć pacjenta	Materiał	Data pobrania	Stężenie wyizolowanego DNA [ng/μl]
5	26	38	K	Mocz	21.04.2009	51,4
6	27	78	K	Krew	15.06.2009	34,8
6	28	78	K	Mocz	15.06.2009	61,0
6	29	78	K	Krew	26.03.2009	92,3
6	30	78	K	Mocz	26.03.2009	14,7
7	31	65	M	Krew	12.05.2009	48,5
7	32	65	M	Mocz	12.05.2009	39,4
8	33	62	M	Krew	21.07.2009	98,0
8	34	62	M	Mocz	21.07.2009	47,7
9	35	54	K	Krew	7.10.2009	83,1
9	36	54	K	Mocz	7.10.2009	67,7
9	37	54	K	Krew	6.10.2009	38,6
9	38	54	K	Krew	6.10.2009	44,9
9	39	54	K	Krew	5.10.2009	80,0
9	40	54	K	Krew	5.10.2009	72,3
9	41	54	K	Krew	5.10.2009	84,7
9	42	54	K	Mocz	5.10.2009	69,5
9	43	54	K	Mocz	1.10.2009	74,3
10	44	73	M	Krew	20.07.2009	60,5
10	45	73	M	Mocz	20.07.2009	43,5
11	46	77	K	Krew	7.06.2009	68,9
11	47	77	K	Mocz	9.06.2009	65,4
11	48	77	K	Mocz	7.06.2009	54,4
12	49	79	K	Krew	13.05.2009	26,3
12	50	79	K	Mocz	13.05.2009	97,8
13	51	50	K	Krew	14.01.2009	127,4
13	52	50	K	Mocz	14.01.2009	66,0
14	53	45	K	Mocz	22.06.2009	146,7
14	54	45	K	Mocz	26.05.2009	543,3
14	55	45	K	Mocz	14.01.2009	1391,4
14	56	45	K	Krew	1.11.2008	700,9
14	57	45	K	Mocz	17.12.2008	41,0
14	58	45	K	Mocz	9.12.2008	38,1

Nr pacjenta	L.p. izolatu	Wiek pacjenta	Płeć pacjenta	Materiał	Data pobrania	Stężenie wyizolowanego DNA [ng/µl]
14	59	45	K	Mocz	1.11.2008	35,0
15	60	63	K	Krew	21.08.2008	89,9
15	61	63	K	Krew	21.08.2008	39,3
15	62	63	K	Mocz	16.09.2008	17,5
15	63	63	K	Mocz	16.09.2008	31,2
16	64	37	K	Mocz	21.03.2009	69,6
16	65	37	K	Krew	4.08.2008	57,3
16	66	37	K	Krew	4.08.2008	62,2
16	67	37	K	Mocz	9.12.2008	150,2
16	68	37	K	Mocz	9.12.2008	69,7
17	69	75	K	Krew	6.04.2008	51,4
17	70	75	K	Krew	6.04.2008	63,4
17	71	75	K	Mocz	6.04.2008	52,8
17	72	75	K	Mocz	6.04.2008	67,2
18	73	66	M	Krew	28.04.2008	284,0
18	74	66	M	Mocz	28.04.2008	42,7
18	75	66	M	Krew	29.03.2008	11,9
18	76	66	M	Mocz	31.03.2008	17,5
18	77	66	M	Mocz	30.01.2008	51,9
19	78	51	K	Mocz	3.08.2009	33,5
19	79	51	K	Mocz	20.01.2009	64,4
19	80	51	K	Krew	13.08.2008	29,4
19	81	51	K	Krew	13.08.2008	43,4
19	82	51	K	Mocz	25.09.2008	56,8
19	83	51	K	Mocz	12.08.2008	46,9
20	84	59	M	Krew	12.06.2008	49,9
20	85	59	M	Mocz	12.06.2008	44,8
20	86	59	M	Mocz	14.08.2008	71,2
20	87	59	M	Krew	14.08.2008	63,8
21	88	54	K	Mocz	2.04.2009	49,2
21	89	54	K	Mocz	2.04.2009	31,3
21	90	54	K	Krew	30.11.2008	56,5
21	91	54	K	Mocz	1.12.2008	36,5

Nr pacjenta	L.p. izolatu	Wiek pacjenta	Płeć pacjenta	Materiał	Data pobrania	Stężenie wyizolowanego DNA [ng/μl]
22	92	77	K	Krew	13.11.2008	36,8
22	93	77	K	Mocz	13.11.2008	34,6
23	94	73	M	Krew	19.03.2008	28,4
23	95	73	M	Mocz	13.05.2008	22,5
24	96	51	K	Krew	8.09.2008	34,8
24	97	51	K	Mocz	8.09.2008	35,7
25	98	66	K	Krew	23.09.2008	4,7
25	99	66	K	Mocz	23.09.2008	25,4
26	100	73	K	Krew	13.12.2008	31,6
26	101	73	K	Mocz	13.12.2008	25,0
27	102	82	K	Krew	8.11.2008	49,0
27	103	82	K	Krew	6.11.2008	50,1
27	104	82	K	Mocz	7.11.2008	40,8
28	105	73	K	Krew	28.10.2008	52,6
28	106	73	K	Krew	28.10.2008	31,5
28	107	73	K	Mocz	28.10.2008	60,6
29	108	49	M	Krew	15.07.2008	36,3
29	109	49	M	Krew	15.07.2008	40,9
29	110	49	M	Mocz	17.07.2008	45,4
29	111	49	M	Mocz	17.07.2008	48,2

Przebadano 111 izolatów pochodzących od 29 pacjentów (20 kobiet i 9 mężczyzn). Wśród tych pacjentów większość (ok. 70%) stanowiły kobiety. Średni wiek pacjentów wynosił 62,3 lat. Pacjenci pochodzili z Kliniki Nefrologii, Transplantologii i Chorób Wewnętrznych oraz Poradni Nefrologicznej Gdańskiego Uniwersytetu Medycznego. U pacjentów od 1 do 5 dokonano przeszczepu nerki. Materiałami, z których izolowano bakterie były: krew, mocz oraz w jednym przypadku treść z drenu.

4.2 Genotypowanie izolatów z wykorzystaniem metody PCR-MP

Metoda PCR MP znajduje zastosowanie w badaniach epidemiologicznych. Do jej podstawowych zalet należy zaliczyć to, że nie jest wymagana znajomość sekwencji genomowego DNA badanych drobnoustrojów. Dzieje się tak dlatego, że genomowe DNA w pierwszej kolejności trawione jest enzymami restrykcyjnymi pozostawiającymi wiszące końce 5'. W związku z tym, że znamy enzym, za pomocą którego dokonywane jest trawienie, to znana jest również sekwencja pozostawianych końców. Na podstawie tej sekwencji projektuje się adaptor. Uzyskuje się go poprzez hybrydyzację dwóch oligonukleotydów. Jeden z nich jes oligonukleotydem pomocniczym, który hybrydyzuje do wiszącego końca (na końcu 5' tego adaptora nie ma grupy fosforanowej, aby nie doszło do trwałego związania z matrycą), drugi zaś oligonukleotydem ligowanym. W wyniku reakcji ligacji, do fragmentów uzyskanych po trawieniu enzymatycznym przyłączane są adaptory. Następnie oligonukleotydy pomocnicze ulegają oddysocjowaniu, a pozostałe ulegają trwałej ligacji. Znajomość sekwencji oligonukleotydu ligowanego pozwala zaprojektować startery do reakcji PCR. Selekcja liczby amplifikowanych fragmentów odbywa się poprzez dobór odpowiedniej temperatury denaturacji. Im wyższa T_d tym więcej dwuniciowych struktur ulegnie denaturacji i stanie się potencjalną matrycą w reakcji amplifikacji.

4.2.1 Materiały

Wykorzystano DNA izolatów z kolekcji opisanej w punkcie 6.1.3

4.2.1.1   Odczynniki

– 10x stężony bufor R firmy Fermentas

– enzym *Hind*III firmy Fermentas

– woda dejonizowana

– oligonukleotyd ligowany [100µM]

– oligonukleotyd pomocniczy [100µM]

– bufor do ligacji firmy Fermentas

– ligaza faga T4 [2U/µl] z ATP firmy Fermentas

– bufor Shark 10x stężony (100mM Tris-HCl, pH 8,8)

36

- 20mM roztwór $MgCl_2$
- trifosforany deoksyrybonukleotydów [8mM]
- starter PowaAGCTT [100pM]
- polimeraza *Pwo* [0,5U/µl] firmy DNA Gdańsk
- 30% roztwór poliakryloamidów
- 10x stężony bufor TBE (Tris, kwas borowy, EDTA, woda redestylowana)
- 1x stężony bufor TBE (Tris, kwas borowy, EDTA, woda redestylowana)
- 10% nadsiarczan amonu
- TEMED (N,N,N',N'-tetrametyloetylenodiamina)
- bromek etydyny [5mg/mL]
- bufor obciążający (0,25% Ficoll 400, 0,25% błękit bromofenolowy)

Sekwencje używanych oligonukleotydów przedstawiono w tabeli nr 4.

Tabela 4 Sekwencje użytych oligonukleotydów do reakcji PCR MP

Oligonukleotyd	Sekwencja
Ligowany (100pM/µL)	5' CTCACTCTCACCAACAACGTCGAC 3'
Pomocniczy (100pM/µL)	5' AGCTGTCGACGTTGG 3'
Starter PowaAGCTT (100pM/µL)	5' CTCACTCTCCACCAACGTCGACAGCTT 3'

4.2.1.2 Aparatura

- termocykler firmy Eppendorf
- termoblok
- wirówka
- aparat do elektroforezy poliakryloamidowej
- system do dokumentacji żeli Versa Doc

4.2.1.3 Sprzęt laboratoryjny

- pipety
- probówki Eppendorf 0,5 ml
- probówki Eppendorf 0,25 ml
- parafilm

4.2.2 Metody

4.2.2.1 Trawienie enzymatyczne

Do reakcji trawienia genomowego DNA zastosowano enzym *Hind*III. Skład mieszanin reakcyjnych przedstawiono w tabeli nr 5.

Tabela 5 Skład mieszaniny do trawienia enzymatycznego

Odczynnik	Objętość [µl]
DNA genomowe [stężenie wg tabeli nr 3]	2
10x bufor R	2,5
*Hind*III [10U/µL]	0,3
Woda	20,2
Objętość 1 mieszaniny	25

Reakcję trawienia prowadzono w temperaturze 37°C przez 30 min. Inaktywacji enzymu dokonywano poprzez inkubację próbki w temperaturze 80°C przez 20 min.

4.2.2.2 Przygotowanie i ligacja adaptora

Adaptor przygotowano poprzez hybrydyzację dwóch oligonukleotydów (pomocniczego i ligowanego) do stężenia 20µM . Mieszanina reakcyjna zawierała jednakowe stężenia obu oligonukleotydów, jej skład przedstawiono w tabeli nr 6

Tabela 6 Skład mieszaniny do sporządzenia adaptora

Odczynnik	Objętość [µl]
Oligonukleotyd ligowany	20
Oligonukleotyd pomocniczy	20
Woda	160
Objętość 1 mieszaniny	200

Mieszaninę reakcyjną inkubowano w temperaturze 70°C przez 3 minuty, a następnie mieszaninę reakcyjną ochładzano w temperaturze pokojowej.

Reakcję ligacji również prowadzono w probówkach Eppendorfa 0,5 ml, a skład mieszanin ligacyjnych przedstawiono w tabeli nr 7

Tabela 7 Skład mieszaniny do reakcji ligacji

Odczynnik	Objętość [µl]
Mieszanina po reakcji trawienia	25
10x bufor do ligacji	2,5
Adaptor [20pM]	1,5
Ligaza faga T4 [2U/µL]	0,3
Objętość 1 mieszaniny	29,3

Reakcję ligacji prowadzono w temperaturze $22°C$ przez 30 minut. Następnie dokonywano inaktywacji w temperaturze $70°C$ przez 15 min.

4.2.2.3 Reakcja PCR MP

Reakcję PCR prowadzono w cienkościennych probówkach Eppendorfa 0,2ml. Skład mieszanin reakcyjnych przedstawiono w tabeli nr 8

Tabela 8 Skład mieszaniny do reakcji PCR

Odczynnik	Objętość [µl]
10x Bufor Shark	2,5
MgCl₂ [20mM]	2,5
dNTPs [8mM]	2,25
Starter PowaAGCTT [100µM]	0,25
Polimeraza *Pwo* [0,5U/µl]	0,5
Mieszanina ligacyjna	1,0
Woda	16
Objętość 1 mieszaniny	25

Pierwszym etapem PCR MP jest wyznaczenie optymalnej dla danego układu restrykcyjnego temperatury denaturacji w cyklach reakcji PCR. Temperaturę denaturacji wyznaczono po przeprowadzeniu reakcji z wykorzystaniem gradientu temperaturowego w zakresie temperatur 83,8-88,0 °C.

Wybrano temperaturę denaturacji 86,1 °C (rys. 14), która pozwalała na uzyskanie czytelnego, stabilnego profilu amplikonów, utrzymującego się przy niewielkich wahaniach temperatury.

39

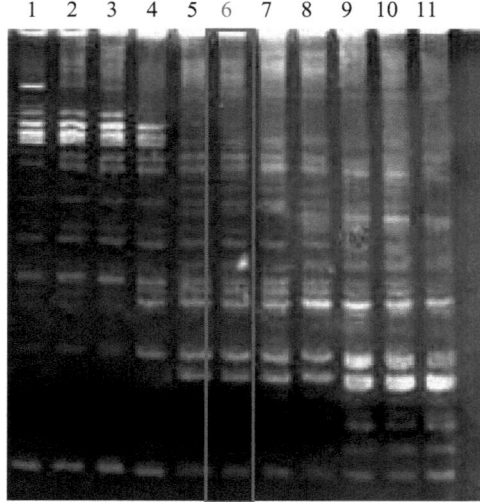

Rys. 14 Rozdział elektroforetyczny na 6% żelu poliakryloamidowym) przedstawiający reakcję PCR MP w gradiencie temperatury denaturacji 83,8°C – 88,0°C. Wybraną temperaturę denaturacji zaznaczono na czerwono. W tabeli nr 9 przedstawiono opis studzienek żelu.

Tabela 9 Opis studzienek żelu z rys. nr 14. Kolorem czerwonym zaznaczono wybraną temperaturę denaturacji.

Studzienka	Zastosowana temperatura denaturacji [°C]
1	83,8
2	84,1
3	84,4
4	84,9
5	85,5
6	86,1
7	86,7
8	87,2
9	87,6
10	87,9
11	88,0

Profil temperaturowo-czasowy reakcji PCR przedstawiono w tabeli nr 10.

Tabela 10 Profil temperaturowo-czasowy reakcji PCR MP

Temperatura [°C]	Czas [s]	Etap	
72	60	Denaturacja wstępna	pre-PCR
72	60	Wypełnianie końców	
86,1	30	Denaturacja	
86,1	30	Denaturacja	22 cykle
72	90	Dołączanie starterów	
72	120	Wydłużanie końcowe	
4	∞	chłodzenie	

4.2.2.4　Rozdział produktów PCR

Produkty powstałe w wyniku reakcji PCR rozdzielano za pomocą w 6% żelu poliakryloamidowym. Żel sporządzono wg tabeli nr 11.

Tabela 11 Skład roztworu do przygotowania 6% żelu poliakryloamidowego

Odczynnik	Objętość [ml]
Woda	17,2
30% roztwór poliakryloamidów	5
10x TBE	2,5
Nadsiarczan amonu 10%	0,25
TEMED	0,025

Do studzienek żelu nanoszono po 10 µl mieszanin po reakcji PCR wraz z 3µl buforu obciążającego. Rozdział prowadzono przy napięciu 12V/cm przez 3,5 godziny. Żel wybarwiano poprzez kąpiel w wodnym roztworze bromku etydyny (0,05 µg/ml) przez 15 minut. Detekcja następowała w świetle UV.

4.3 Wykrywanie czynników wirulencji

4.3.1 Materiały

4.3.1.1 Kolekcja izolatów *Escherichia coli*

Kolekcja została scharakteryzowana w punkcie 6.1.3

4.3.1.2 Odczynniki

- bufor Shark 10x stężony (100mM Tris-HCl pH 8,8)
- 20mM roztwór $MgCl_2$
- trifosforany deoksyrybonukleotydów [8mM]
- polimeraza *Pwo* [0,5U/μl] firmy DNA Gdańsk
- woda dejonizowana
- bromek etydyny [5mg/mL]
- agaroza
- oligonukleotydy o wyjściowym stężeniu 100 pM/μL

Sekwencje oligonuklotydów użytych jako startery w reakcjach PCR przedstawiono w tabeli nr 12.

Tabela 12 Sekwencje starterów wykorzystanych do wykrywania czynników wirulencji

Oligonukleotyd	Sekwencja
1a-pap1	5'GACGGCTGTACTGCAGGGTGTGGCG 3'
1b-pap2	5'ATATCCTTTCTGCAGGGATGCAATA 3'
2a-sfa1	5'CTCCGGAGAACTGGGTGCATCTTAC 3'
2b-sfa2]	5'CGGAGGAGTAATTACAAACCTGGCA3'
3a-cnf1a	5'AAGATGGAGTTTCCTATGCAGGAG3'
3b-cnf2a	5'CATTCAGAGTCCTGCCCTCATTATT3'
4a-usp1mod	5'TTCTGGGGAACTGACATTCACGG3'
4b-usp2mod	5'CCTCAGGGACATAGGGGGAA3'
5a-fimGH1	5'GCAATGTTGGCGTTCGCAAGTGC3'
5b-fimGH2	5'CGTAAATATTCCACACAAACTGG3'
6a-hly1mod	5'AACAACGATAAGCACTGTTCTGGCT3'
6b-hly2mod	5'ACCATATAAGCGGTCATTCCCATCA3'
afa1	5'CATCAAGCTGTTTGTTCGTCCGCCG3'
afa2	5'GCTGGGCAGCAAACTGATAACTCT3'

Mieszaninę starterów do reakcji multipleks PCR przygotowano poprzez zmie-
szanie 3µL każdego ze starterów(1a-6b) o stężeniu 100 µM w probówce 0,2 mL
Eppendorf. Następnie uzupełniono wodą do 100 µL. W wyniku tego uzyskano stężenie każdego ze starterów równe 3 µM.

4.3.1.3 Aparatura

– termocykler firmy Eppendorf

– aparat do elektroforezy agarozowej

– system do dokumentacji żeli Versa Doc

4.3.1.4 Sprzęt laboratoryjny

– pipety

– probówki Eppendorf 0,5 ml

– probówki Eppendorf 0,25 ml

– parafilm

4.3.2 Metody

4.3.2.1   Reakcje PCR

4.3.2.1.1 Wykrywanie fimbrii typu Dr w układzie simpleks PCR

Za pomocą klasycznej reakcji PCR wykrywano obecność fimbrii typu Dr. Reakcję PCR prowadzono w cienkościennych probówkach Eppendorfa 0,2ml. Skład mieszanin reakcyjnych przedstawiono w tabeli nr 13.

Tabela 13 Skład mieszaniny do reakcji PCR do wykrywania fimbrii typu Dr

Odczynnik	Objętość [µl]
10x Bufor Shark	2,5
MgCl$_2$ [20mM]	2,5
dNTPs [25mM]	2,5
Starter afa1 [10pM/µL]	1
Starter afa2 [10pM/µL]	1
Polimeraza *Pwo* [0,5U/µl]	0,5
DNA genomowe [stężenie wg tab 3]	1,0
Woda	14
Objętość 1 mieszaniny	25

Profil temperaturowo-czasowy reakcji PCR przedstawiono w tabeli nr 14.

Tabela 14 Profil temperaturowo-czasowy reakcji PCR do wykrywania fimbrii typu Dr

Temperatura [°C]	Czas [s]	Etap	
94	120	Denaturacja wstępna	
94	30	Denaturacja	
60	30	Dołączanie starterów	30 cykli
72	30	Wydłużanie	
72	300	Wydłużanie końcowe	
4	∞	chłodzenie	

Produkty reakcji PCR rozdzielano za pomocą elektroforezy agarozowej w 1,2% żelu z bromkiem etydyny. Detekcja następowała w świetle UV. Oczekiwany produkt, świadczący o obecności fimbrii Dr miał długość 750pz.

4.3.2.1.2 Reakcja multipleks PCR

Za pomocą reakcji multipleks PCR wykrywano 6 czynników wirulencji:

- fimbrie typu P
- fimbrie tupu S
- cytotoksyczny czynnik nekrotyzujący
- bakteriocyna Usp
- fimbrie typu 1
- α hemolizyna

Reakcję multipleks PCR prowadzono w cienkościennych probówkach Eppendorfa 0,2ml. Skład mieszanin reakcyjnych przedstawiono w tabeli nr 15.

Tabela 15 Skład mieszaniny do reakcji multipleks PCR

Odczynnik	Objętość [µl]
10x Bufor Shark	2,5
MgCl$_2$ [20mM]	2,5
dNTPs [8mM]	2,5
Starter 1a-6b /tab12/ [każdy o stężeniu 3µM]	0,25
Polimeraza Pwo [0,5U/µl]	0,5
DNA genomowe	0,25
Woda	16,5
Objętość 1 mieszaniny	25

Profil temperaturowo-czasowy reakcji PCR przedstawiono w tabeli nr 16.

Tabela 16 Profil temperaturowo-czasowy reakcji multipleks PCR

Temperatura [°C]	Czas [s]	Etap	
94	180	Denaturacja wstępna	
94	60	Denaturacja	
62,1	60	Dołączanie starterów	35 cykli
72	120	Wydłużanie	
72	480	Wydłużanie końcowe	
4	∞	chłodzenie	

Produkty reakcji PCR rozdzielano za pomocą elektroforezy agarozowej w 1,2% żelu z bromkiem etydyny. Detekcja następowała w świetle UV. Długości poszczególnych produktów odpowiedzialnych za obecność poszczególnych czynników wirulencji przedstawiono w tabeli nr 17

Tabela 17 Wielkości oczekiwanych produktów w reakcji multipleks PCR

Czynnik wirulencji	Długość produktu [pz]
Fimbrie typu P	328
Fimbrie typu S	407
Cytotoksyczny czynnik nekrotyzujący	498
Bakteriocyna Usp	657
Fimbrie typu 1	1001
α hemolizyna	1177

5 Wyniki i ich omówienie

5.1 Genotypowanie

Genotypowanie przeprowadzono z wykorzystaniem PCR MP. Jest to metoda wykorzystywana w badaniach epidemiologicznych pozwalająca na ustalenie podobieństwa genetycznego analizowanych szczepów bakterii. Dzięki temu, że zastosowanie tej metody nie wymaga znajomości sekwencji badanych izolatów może być stosowana do badań z wykorzystaniem materiału pochodzenia klinicznego. Za izolaty podobne genetycznie uznaje się takie, których wzory powstałe w wyniku rozdziału elektroforetycznego amplikonów powstałych podczas reakcji PCR nie różnią się więcej niż 3 prążkami.

Genotypowaniu poddano 111 izolatów pochodzących od 29 pacjentów z Gdańskiego Uniwersytetu Medycznego z kliniki Nefrologii, Transplantologii i Chorób Wewnętrznych oraz Poradni Nefrologicznej. Genotypowanie przeprowadzono w celu stwierdzenia czy bakterie obecne w moczu pacjentów uległy transmisji do krwi. Obecność tego samego genotypu we krwi oraz moczu potwierdzałby taką transmisję.

Analiza podobieństwa genetycznego izolatów dokonywana była poprzez przeprowadzenie rakcji PCR z zastosowaniem starterów specyficznych do zastosowanego adaptora, a jako matrycy użyto strawione enzymatycznie DNA izolatów. Następnie otrzymane amplikony rozdzielane były w 6% żelu poliakryloamidowym w wyniku czego otrzymywano specyficzne wzory prążków w żelu poprzez wybarwienie w roztworze bromku etydyny i detekcji w świetle UV. Jeżeli otrzymywano takie same wzory po rozdziale elektroforetycznym (różniące się nie więcej niż 3 prążkami) to izolaty uznawano za pokrewne pod względem genetycznym, natomiast różne zestawy produktów świadczyły o braku identyczności genetycznej porównywanych izolatów. Porównań powstałych wzorów dokonywano dla każdego pacjenta oddzielnie, nie badano podobieństwa genetycznego izalatów pochodzących od różnych pacjentów. Izolaty pochodziły z moczu i krwi. Po hodowli izolatów na podłożach mikrobiologicznych do dalszych analiz z wykorzystaniem technik biologii molekularnej zostały wybrane izolaty, które różniły się między sobą morfologicznie. Przykładowe zdjęcie żelu przedstawia rys. 18.

M K M K M K M M M M K M

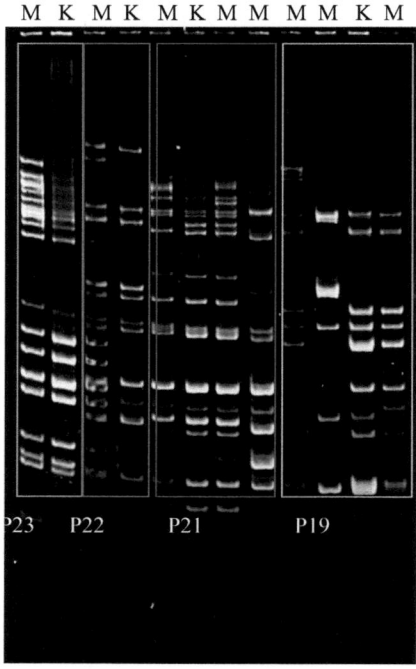

Rys. 15 Rozdział elektroforetyczny produktów powstałych w reakcji PCR MP, rozdział prowadzono w 6% żelu poliakryloamidowym. Izolaty pochodzące z moczu oznaczono literą M, a z krwi literą K. Prostokątami oddzielono od siebie izolaty pochodzące od różnych pacjentów, których numery zapisano w dolnej części żelu.

W tabeli nr 18 przedstawiono wyniki genotypowania techniką PCR MP. Poszczególne genotypy oznaczono kolejnymi literami alfabetu.

Tabela 18 Wyniki genotypowania

PACJENCI Z PRZESZCZEPEM NERKI

Pacjent	Nr izolatu	Materiał	Data pobrania	Gentotyp
1	1	krew	27.09.2009	A
	2	krew	27.09.2009	A
	3	krew	27.09.2009	A
	4	krew	27.09.2009	A
	5	mocz	27.09.2009	A
	6	mocz	27.09.2009	A
	7	krew	26.09.2009	A
	8	krew	26.09.2009	A
	9	mocz	26.09.2009	A
	10	mocz	26.09.2009	A
	11	krew	19.10.2009	A
	12	krew	19.10.2009	A
	13	mocz	19.10.2009	A
	14	mocz	19.10.2009	A
2	15	krew	23.08.2009	B
	16	mocz	28.09.2009	B
	17	mocz	24.08.2009	B
	18	treść z drenu	28.09.2009	B
3	19	krew	7.01.2009	C
	20	mocz	28.01.2009	C
4	21	krew	29.04.2009	D
	22	krew	29.04.2009	D
	23	mocz	29.04.2009	D
	24	mocz	29.04.2009	D
5	25	krew	21.04.2009	E
	26	mocz	21.04.2009	E

PACJENCI BEZ PRZESZCZEPU NERKI

Pacjent	Nr izolatu	Materiał	Data pobrania	Gentotyp
6	27	krew	15.06.2009	F
	28	mocz	15.06.2009	F
	29	krew	26.03.2009	F
	30	mocz	26.03.2009	F
7	31	krew	12.05.2009	G
	32	mocz	12.05.2009	G
8	33	krew	21.07.2009	H
	34	mocz	21.07.2009	H
9	35	krew	7.10.2009	I
	36	mocz	7.10.2009	I
	37	krew	6.10.2009	I
	38	krew	6.10.2009	I
	39	krew	5.10.2009	I
	40	krew	5.10.2009	I
	41	krew	5.10.2009	I
	42	mocz	5.10.2009	I
	43	mocz	1.10.2009	I

Pacjent	Nr izolatu	Materiał	Data pobrania	Gentotyp
10	44	krew	20.07.2009	J
	45	mocz	20.07.2009	J
11	46	krew	7.06.2009	K
	47	mocz	9.06.2009	K
	48	mocz	7.06.2009	K
12	49	krew	13.05.2009	L
	50	mocz	13.05.2009	L
13	51	krew	14.01.2009	Ł
	52	mocz	14.01.2009	Ł
14	53	mocz	22.06.2009	M
	54	mocz	26.05.2009	M
	55	mocz	14.01.2009	N
	56	krew	1.11.2008	N
	57	mocz	17.12.2008	N
	58	mocz	9.12.2008	N
	59	mocz	1.11.2008	N
15	60	krew	21.08.2008	O
	61	krew	21.08.2008	O
	62	mocz	16.09.2008	O
	63	mocz	16.09.2008	P
16	64	mocz	21.03.2009	R
	65	krew	4.08.2008	S
	66	krew	4.08.2008	S
	67	mocz	9.12.2008	R
	68	mocz	9.12.2008	R
17	69	krew	6.04.2008	T
	70	krew	6.04.2008	T
	71	mocz	6.04.2008	T
	72	mocz	6.04.2008	U
18	73	krew	28.04.2008	W
	74	mocz	28.04.2008	W
	75	krew	29.03.2008	Y
	76	mocz	31.03.2008	Y
	77	mocz	30.01.2008	W
19	78	mocz	3.08.2009	Z
	79	mocz	20.01.2009	Ż
	80	krew	13.08.2008	Ż
	81	krew	13.08.2008	Ż
	82	mocz	25.09.2008	X
	83	mocz	12.08.2008	Ż

Pacjent	Nr izolatu	Materiał	Data pobrania	Gentotyp
20	84	krew	12.06.2008	a
	85	mocz	12.06.2008	a
	86	mocz	14.08.2008	a
	87	krew	14.08.2008	a
21	88	mocz	2.04.2009	b
	89	mocz	2.04.2009	c
	90	krew	30.11.2008	c
	91	mocz	1.12.2008	c
22	92	krew	13.11.2008	d
	93	mocz	13.11.2008	d
23	94	krew	19.03.2008	e
	95	mocz	13.05.2008	e
24	96	krew	8.09.2008	f
	97	mocz	8.09.2008	f
25	98	krew	23.09.2008	g
	99	mocz	23.09.2008	g
26	100	krew	13.12.2008	h
	101	mocz	13.12.2008	h
27	102	krew	8.11.2008	i
	103	krew	6.11.2008	i
	104	mocz	7.11.2008	i
28	105	krew	28.10.2008	j
	106	krew	28.10.2008	j
	107	mocz	28.10.2008	j
29	108	krew	15.07.2008	k
	109	krew	15.07.2008	k
	110	mocz	17.07.2008	k
	111	mocz	17.07.2008	l

Analiza DNA izolatów pobranych od poszczególnych pacjentów z krwi i moczu u wszystkich za wyjątkiem jednego pacjenta (pacjent nr 16) wykazała identyczność genotypową, co świadczy o transmisji bakterii z układu moczowego do łożyska krwionośnego pacjentów. Zaobserwowano, że szczepy uznane za różne morfologicznie po hodowli na podłożu mikrobiologicznym w ocenie genotypowania były identyczne. Zdarzały się przypadki, występowania w moczu więcej niż jednego genotypu, ale do krwi przedostawał się jedynie jeden z nich (pacjenci nr: 14, 15,17,19,21,29). Zaobserwowano również sytuację, gdzie w moczu występowały dwa genotypy i oba zidentyfikowano również we krwi (pacjent nr 18). U pacjentów po przeszczepie nerki nie zdarzyło się, aby występował więcej niż jeden genotyp. W przypadku pacjentów, od których dysponowano większą ilością izolatów pobranych w dłuższych odstępach czasu (pacjenci nr 1,2,6,14,15,16,21,21), wykryto takie same genotypy izolatów pochodzących z posiewów oddalonych w czasie. Można zatem na tej podstawie stwierdzić, iż w tych przypadkach doszło do nawrotu zakażenia oraz, że szczepy bakteryjne wywołujące te zakażenia pochodziły od pacjentów, a nie były wynikami zakażeń szpitalnych.

5.2 Wykrywanie czynników wirulencji

Czynniki wirulencji wykrywano poprzez amplifikację fragmentów genów kodujących dane czynniki wirulencji dla kadego izolatu. Analizowano obecność siedmiu czynników wirulencji. Sześć z nich badano w układzie multipleks PCR (α hemolizyna, fimbrie typu 1, bakteriocyna Usp, cytotoksyczny czynnik nekrotyzujący, fimbrie typu S oraz fimbrie typu P), natomiast fimbrie typu Dr wykrywano w układzie simpleks PCR.

Powstałe produkty rozdzielano w 1,2% żelu agarozowym. Poniżej przedstawiono przykładowe zdjęcia żeli po rozdziale elektroforetycznym produktów amplifikacji.

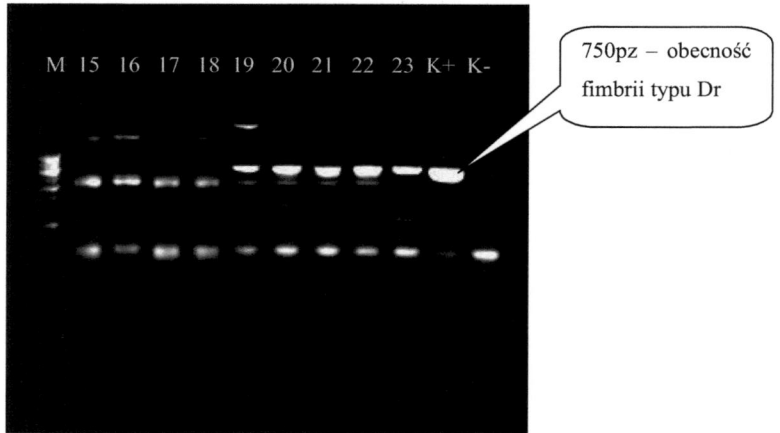

Rys. 16 Rozdział elektroforetyczny w 1,2 % żelu agarozowym produktów amplifikacji z zastosowaniem układu simpleks PCR do wykrywania fimbrii typu Dr. Oznaczono poszczególne numery izolatów, M- marker wielkości 100-1000, K+ - kontrola dodatnia, K- kontrola ujemna. Właściwy produkt amplifikacji będący fragmentem genu *afa/Dr* ma wielkość 750 pz.

Można zauważyć pojawiające się niespecyficzne produkty zarówno w przypadku izolatów, które posiadają fimbrie Dr jak i tych, które ich nie mają. Powstawanie tych niespecyficzności najprawdopodobniej związane jest z obecnością w genomie bakterii sekwencji, do których zdolne są hybrydyzować startery zaprojektowane do tej reakcji PCR. Niemniej uznano, że fragment DNA pojawiający się na wysokości odpowiadającej 750 pz świadczy o obecności fimbrii typu Dr w badanym szczepie bakteryjnym.

Obecność pozostałych 6 czynników wirulencji wykrywano za pomocą reakcji multipleks PCR. Przykładowe zdjęcie żelu przedstawiającego rozdział produktów powstałych

w reakcji złożonego PCR przedstawiono na rys. 17.

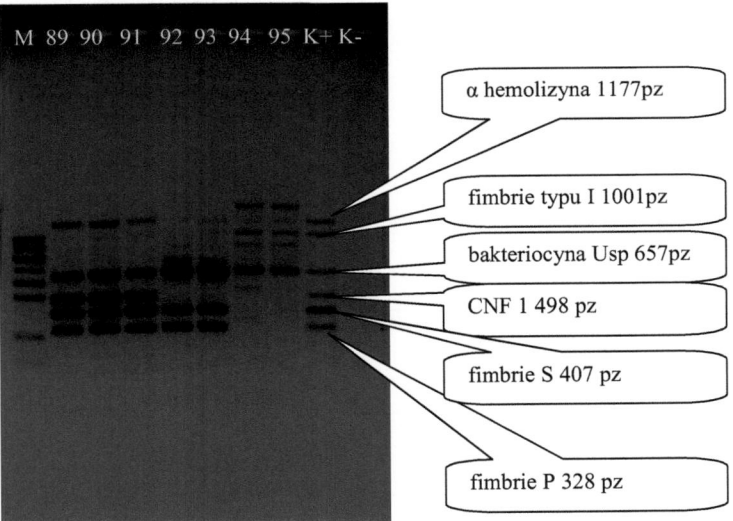

Rys. 17 Rozdział elektroforetyczny w 1,2 % żelu agarozowymproduktów amplifikacji z zastosowaniem układu multipleks PCR do wykrywania 6 czynników wirulencji. Oznaczono poszczególne numery izolatów, M- marker wielkości 100-1000, K+ - kontrola dodatnia, K- kontrola ujemna. Właściwe produkty amplifikacji będące fragmentami genów kodujących poszczególne czynniki wirulencji mają wielkość: 1177 pz dla α hemolizyny, 1001 pz. dla fimbrii typu 1, 657 pz. dla bakteriocyny Usp, 498 pz dla cytotoksycznego czynnika nekrotyzującego, 407 pz dla fimbrii typu S oraz 328 pz dla fimbrii typu P

W tabeli nr 19 zestawiono wyniki w systemie binarnym ("1" oznacza obecność danego czynnika wirulencji w badanym izolacie, natomiast "0" jego brak) dotyczące wykrywania czynników wirulencji.

Tabela 19 Czynniki wirulencji u poszczególnych izolatów.Opis skrótów: α hem-α hemolizyna, f I- fimbrie typu 1, b.Usp-bakteriocyna Usp, CNF 1 –cytotoksyczny czynnnik nekrotyzujący, f S – fimbrie typu S, f P- fimbrie typu P, f Dr- fimbrie typu Dr

Pacjent	Numer izolatu	Materiał kliniczny	Data pobra- nia	α hem	f I	b. Usp	CNF 1	f S	f P	f Dr
1	1	krew	27.09.2009	1	1	1	1	1	1	0
1	2	krew	27.09.2009	1	1	1	1	1	1	0
1	3	krew	27.09.2009	1	1	1	1	1	1	0
1	4	krew	27.09.2009	1	1	1	1	1	1	0
1	5	mocz	27.09.2009	1	1	1	1	1	1	0
1	6	mocz	27.09.2009	1	1	1	1	1	1	0
1	7	krew	26.09.2009	1	1	1	1	1	1	0
1	8	krew	26.09.2009	1	1	1	1	1	1	0
1	9	mocz	26.09.2009	1	1	1	1	1	1	0
1	10	mocz	26.09.2009	1	1	1	1	1	1	0
1	11	krew	19.10.2009	1	1	1	1	1	1	0
1	12	krew	19.10.2009	1	1	1	1	1	1	0
1	13	mocz	19.10.2009	1	1	1	1	1	1	0
1	14	mocz	19.10.2009	1	1	1	1	1	1	0
2	15	krew	23.08.2009	0	0	1	0	1	1	0
2	16	mocz	28.09.2009	0	0	1	0	1	1	0
2	17	mocz	24.08.2009	0	0	1	0	1	1	0
2	18	treść z drenu	28.09.2009	0	0	1	0	1	1	0
3	19	krew	7.01.2009	0	1	1	0	1	1	1
3	20	mocz	28.01.2009	0	1	1	0	1	1	1
4	21	krew	29.04.2009	1	1	1	0	1	1	1
4	22	krew	29.04.2009	1	1	1	0	1	1	1
4	23	mocz	29.04.2009	0	1	1	0	1	1	1
4	24	mocz	29.04.2009	0	1	1	0	1	1	1
5	25	krew	21.04.2009	1	1	1	0	1	1	0
5	26	mocz	21.04.2009	1	1	1	0	1	1	0
6	27	krew	15.06.2009	1	1	1	0	1	1	1
6	28	mocz	15.06.2009	0	1	1	0	1	1	1
6	29	krew	26.03.2009	0	1	1	0	1	1	1
6	30	mocz	26.03.2009	0	1	1	0	1	1	0
7	31	krew	12.05.2009	1	1	1	1	1	1	1
7	32	mocz	12.05.2009	1	1	1	1	1	1	1
8	33	krew	21.07.2009	1	1	1	1	1	1	1
8	34	mocz	21.07.2009	1	1	1	1	1	1	1

Pacjent	Numer izolatu	Materiał kliniczny	Data pobrania	α hem	f I	b. Usp	CNF 1	f S	f P	f Dr
9	35	krew	7.10.2009	1	1	1	1	1	1	1
9	36	mocz	7.10.2009	1	1	1	1	1	1	1
9	37	krew	6.10.2009	1	1	1	1	1	1	1
9	38	krew	6.10.2009	1	1	1	1	1	1	1
9	39	krew	5.10.2009	1	1	1	1	1	1	1
9	40	krew	5.10.2009	0	1	1	1	1	1	0
9	41	krew	5.10.2009	0	1	1	1	1	1	0
9	42	mocz	5.10.2009	0	1	1	0	1	1	0
9	43	mocz	1.10.2009	0	1	1	0	1	1	0
10	44	krew	20.07.2009	1	0	1	0	1	0	1
10	45	mocz	20.07.2009	1	0	1	1	0	1	1
11	46	krew	7.06.2009	0	1	0	0	0	1	1
11	47	mocz	9.06.2009	0	1	1	0	0	0	1
11	48	mocz	7.06.2009	0	0	0	1	0	1	1
12	49	krew	13.05.2009	0	0	0	1	0	0	1
12	50	mocz	13.05.2009	0	0	0	0	0	0	1
13	51	krew	14.01.2009	0	0	0	0	0	0	1
13	52	mocz	14.01.2009	0	0	0	0	0	0	0
14	53	mocz	22.06.2009	0	0	1	0	1	0	0
14	54	mocz	26.05.2009	0	0	1	0	1	0	1
14	55	mocz	14.01.2009	0	1	1	0	1	1	1
14	56	krew	1.11.2008	1	1	1	0	1	1	1
14	57	mocz	17.12.2008	1	0	1	0	1	0	1
14	58	mocz	9.12.2008	1	0	1	0	1	1	1
14	59	mocz	1.11.2008	1	0	1	0	0	0	0
15	60	krew	21.08.2008	0	0	0	0	0	0	0
15	61	krew	21.08.2008	0	0	0	0	0	0	0
15	62	mocz	16.09.2008	0	0	0	0	0	0	0
15	63	mocz	16.09.2008	0	0	0	0	0	0	0
16	64	mocz	21.03.2009	0	0	1	1	1	1	0
16	65	krew	4.08.2008	0	1	1	0	1	1	0
16	66	krew	4.08.2008	0	1	1	1	1	1	1
16	67	mocz	9.12.2008	0	1	1	1	0	0	1
16	68	mocz	9.12.2008	0	1	1	0	1	1	0
17	69	krew	6.04.2008	0	0	0	0	0	0	0
17	70	krew	6.04.2008	0	0	0	1	1	1	1
17	71	mocz	6.04.2008	1	0	1	1	1	1	1

Pacjent	Numer izolatu	Materiał kliniczny	Data pobrania	α hem	f I	b. Usp	CNF 1	f S	f P	f Dr
17	72	mocz	6.04.2008	1	0	1	1	1	1	1
18	73	krew	28.04.2008	0	1	1	0	1	0	0
18	74	mocz	28.04.2008	0	0	1	0	1	0	0
18	75	krew	29.03.2008	0	0	0	0	0	0	0
18	76	mocz	31.03.2008	0	0	0	0	1	0	0
18	77	mocz	30.01.2008	0	1	1	0	1	0	0
19	78	mocz	3.08.2009	0	1	1	0	1	0	0
19	79	mocz	20.01.2009	0	1	1	0	1	0	1
19	80	krew	13.08.2008	1	0	0	0	1	0	1
19	81	krew	13.08.2008	0	0	0	0	0	0	1
19	82	mocz	25.09.2008	0	0	0	0	0	0	1
19	83	mocz	12.08.2008	0	0	0	0	0	0	1
20	84	krew	12.06.2008	0	0	0	0	0	0	1
20	85	mocz	12.06.2008	0	0	0	0	0	0	1
20	86	mocz	14.08.2008	0	0	0	0	0	0	1
20	87	krew	14.08.2008	0	0	0	0	0	0	1
21	88	Mocz	2.04.2009	0	1	1	1	1	1	1
21	89	mocz	2.04.2009	1	0	1	1	1	1	0
21	90	krew	30.11.2008	1	0	1	1	1	1	0
21	91	mocz	1.12.2008	1	0	1	1	1	1	1
22	92	krew	13.11.2008	0	0	1	0	1	1	1
22	93	mocz	13.11.2008	0	0	1	0	1	1	1
23	94	krew	19.03.2008	1	1	1	0	0	0	1
23	95	mocz	13.05.2008	1	1	1	0	0	0	1
24	96	krew	8.09.2008	1	1	1	0	0	0	1
24	97	mocz	8.09.2008	1	1	1	0	0	0	1
25	98	krew	23.09.2008	0	0	1	0	0	1	0
25	99	mocz	23.09.2008	0	0	1	0	0	1	1
26	100	krew	13.12.2008	0	0	1	1	1	1	1
26	101	mocz	13.12.2008	0	0	1	1	1	1	1
27	102	krew	8.11.2008	1	1	1	0	0	0	1
27	103	krew	6.11.2008	1	1	1	0	0	0	1
27	104	mocz	7.11.2008	1	1	1	0	0	0	1
28	105	krew	28.10.2008	0	1	1	0	0	0	1
28	106	krew	28.10.2008	0	1	1	0	0	0	0
28	107	mocz	28.10.2008	0	1	1	0	1	0	1

Pacjent	Numer izolatu	Materiał kliniczny	Data pobrania	α hem	f I	b. Usp	CNF 1	f S	f P	f Dr
29	108	krew	15.07.2008	0	1	1	0	1	1	0
29	109	krew	15.07.2008	0	1	1	0	1	1	0
29	110	mocz	17.07.2008	0	1	1	0	1	1	0
29	111	mocz	17.07.2008	0	0	1	1	1	1	0

Ponad 94% wszystkich izolatów posiadało przynajmniej jeden czynnik wirulencji. Najczęściej występującym czynnikiem wirulencji wśród wszystkich izolatów była bakteriocyna Usp. Była ona obecna u ponad 80% szczepów. Bakterie najrzadziej posiadały geny odpowiedzialne za syntezę cytotoksycznego czynnika nekrotyzujacego oraz α hemolizyny. Pozostałe czynniki występowały na poziomie 50 - 70% izolatów. Odsetek izolatów posiadających poszczególne czynniki wirulencji przedstawiono na rys. 18.

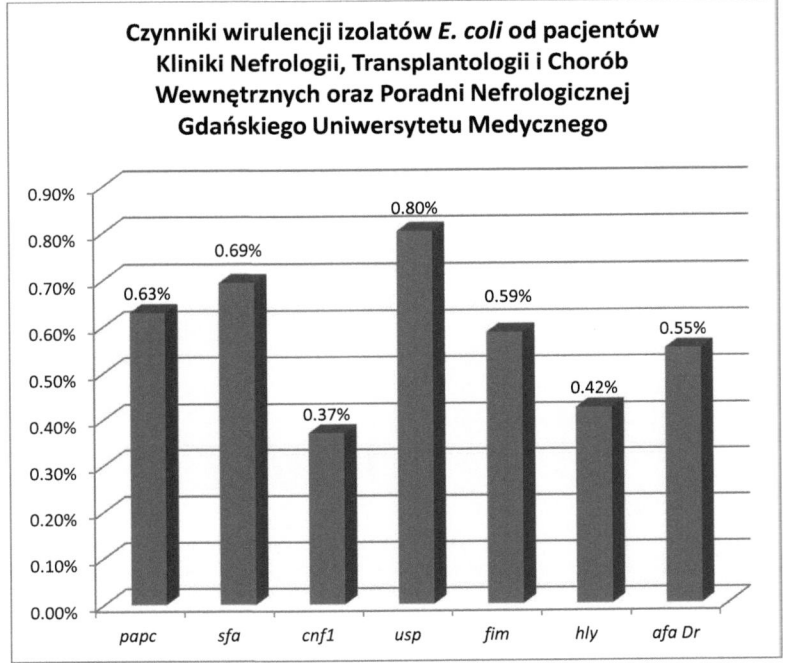

Rys. 18 Odsetek występowania czynników wirulencji spośród 111 izolatów. Oznaczenia genów: *papc*-fimbrie typu P, *sfa*-fimbrie typu S, *cnf1*-cytotoksyczny czynnik nekrotyzujący, *usp*-bakteriocyna Usp, *fim*-fimbrie tupu I, *hly*-α hemolizyna, *afa Dr* – fimbrie typu Dr

Analiza występowania czynników wirulencji w zależności od materiału, z którego wyizolowano dany szczep, nie wykazała znaczących różnic. Można to skorelować z wynikami genotypowania, które wskazywały na genetyczne podobieństwo szczepów występujących we krwi i w moczu. Można jednak dostrzec zróżnicowanie udziału izolatów, które posiadają α hemolizynę oraz fimbrie typu 1 w zależności od tego z jakiego materiału klinicznego pochodzą. W przypadku izoaltów pochodzących z krwi oba te czynniki wirulencji charakteryzowały się większą częstością występowania w stosunku do izolatów z moczu. Obrazuje to rys. 19.

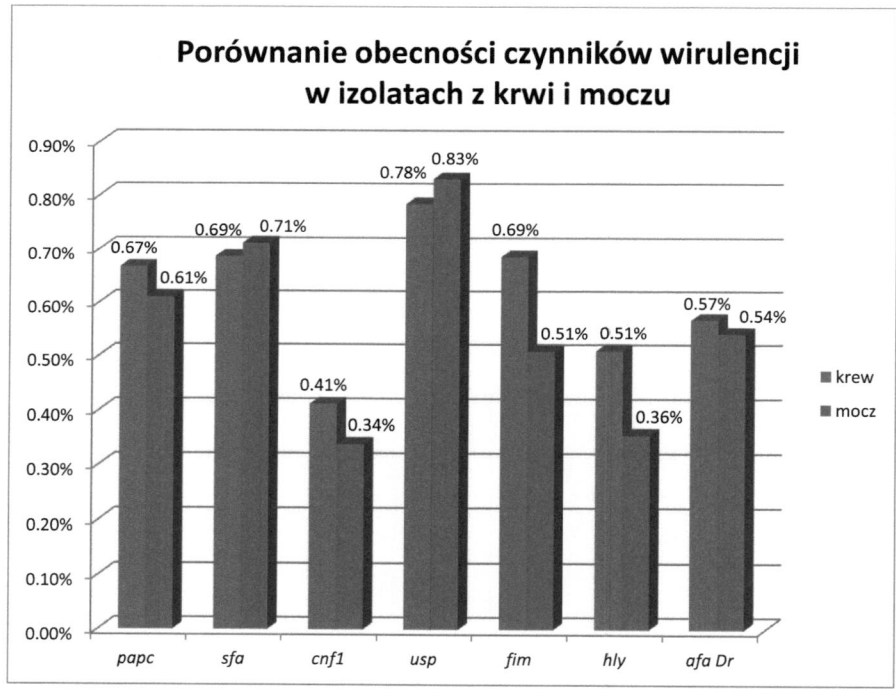

Rys. 19 Porównanie obecności czynników wirulencji u izolatów z krwi i moczu. Oznaczenia genów: *papc*- fimbrie typu P, *sfa*-fimbrie typu S, *cnf1*-cytotoksyczny czynnik nekrotyzujący, *usp*-bakteriocyna Usp, *fim*-fimbrie tupu I, *hly*-α hemolizyna, *afa Dr* – fimbrie typu Dr. Łączna liczba izolatów z krwi wynosiła 51 zaś z moczu 59.

Tak jak w przypadku porównywania obecności poszczególnych czynników wirulencji w zależności od materiału, z którego pochodzi dany izolat, jeżeli dokonamy analizy pod względem płci pacjenta nie zauważymy znaczących różnic. Najbardziej zauważalne dysproporcje występują w przypadku cytotoksycznego czynnika nekrotyzującego oraz fimbrii typu 1. W przypadku tych dwóch czynników wirulencji ich odsetek jest większy u kobiet niż u mężczyzn (rys. 23)

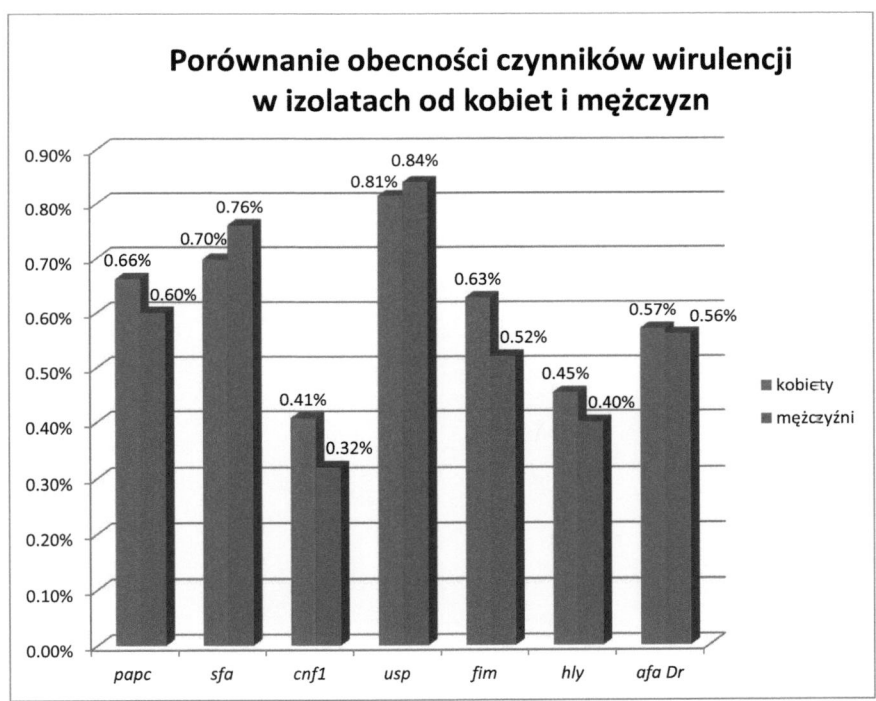

Rys. 20 Porównanie obecności czynników wirulencji u izolatów od kobiet i mężczyzn. Oznaczenia genów: *papc*- fimbrie typu P, *sfa*-fimbrie typu S, *cnf1*-cytotoksyczny czynnik nekrotyzujący, *usp*-bakteriocyna Usp, *fim*-fimbrie tupu I, *hly*-α hemolizyna, *afa Dr* – fimbrie typu Dr. Łączna liczba izolatów pochodzących od kobiet wynosiła 85 zaś od mężczyzn 25.

Jeżeli dokona się podziału pacjentów tych, którzy mieli przeszczep nerki oraz   tych, u których nie przeprowadzono przeszczepu mieli można zauważyć znaczącą różnicę w występowaniu czynników wirulencji. W przypadku pacjentów po przeszczepie odsetek szczepów posiadających badane czynniki wirulencji jest znacznie większy, a 3 z nich: fimbrie typu P, S oraz bakteriocyna Usp występują u wszystkich izolatów pochodzących od pacjentów po przeszczepie. U osób, u których nie dokonano przeszczepu stwierdza się znacznie większy odsetek izolatów posiadających fimbrie typu Dr. Jest to jedyny czynnik wirulencji, który występuje w większym procencie wśród szczepów wyizolowanych od pacjentów bez przeszczepu. Wyniki przedstawia rys. 20.

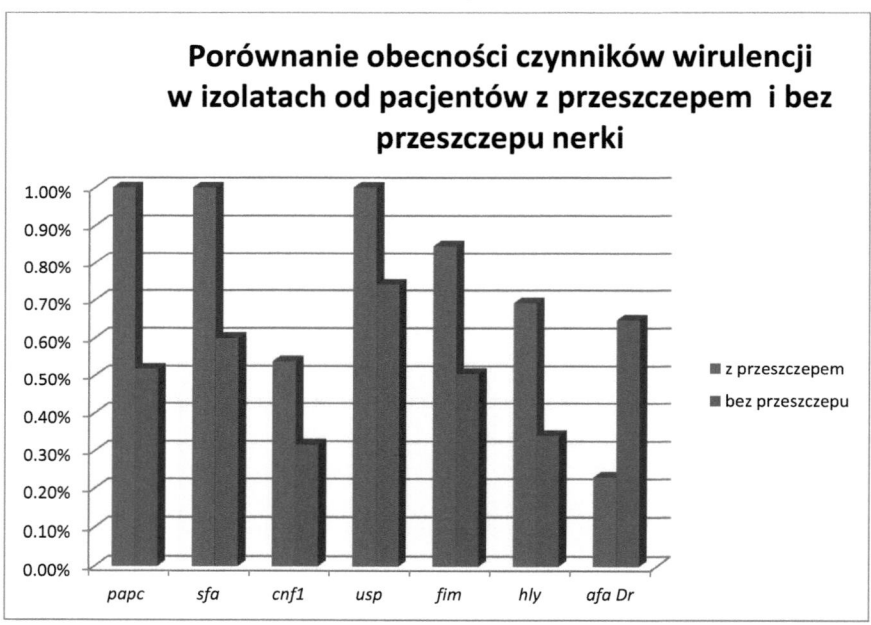

Rys. 21 Porównanie obecności czynników wirulencji u izolatów od pacjentów z przeszczepem i bez przeszczepu nerki. Oznaczenia genów: *papc*- fimbrie typu P, *sfa*-fimbrie typu S, *cnf1*-cytotoksyczny czynnik nekrotyzujący, *usp*-bakteriocyna Usp, *fim*-fimbrie typu 1, *hly*-α hemolizyna, *afa Dr* – fimbrie typu Dr. Liczba izolatów pochodzących od pacjentów z przeszczepem nerki wynosiła 26 zaś od pacjentów, u których nie dokonano przeszczepu 85.

Analizując obecność czynników wirulencji w izolatach pochodzących od pacjentów, u których na podstawie genotypowania oraz dat pobrania materiału klinicznego stwierdzono nawracające zakażenia układu moczowego (pacjenci: 1,2,6,14,15,16,20,21) można stwierdzić, iż w przypadku izolatów pochodzących od 5 pacjentów (pacjenci nr 1,2,15,20,21) oprócz podobieństwa genetycznego (w obrębie szczepów izolowanych od każdego pacjenta) izolaty cechuje obecność takich samych czynników wirulencji. Fakt ten zdecydowanie potwierdza, to że bakterie obecne w moczu pochodzą z układu moczowego, oraz że zakażenia mają charakter nawracający.

5.3 Wnioski końcowe

Po przeprowadzeniu genotoypowania z wykorzystaniem metody PCR MP oraz badaniu obecności 7 czynników wirulencji (6 z wykorzystaniem układu multipleks PCR: α hemolizyna, fimbrie typu 1, bakteriocyna Usp, cytotoksyczny czynnik nekrotyzujący, fimbrie typu S fimbrie typu P, oraz fimbrii typu Dr z zastosowaniem układu simpleks PCR) u 111 izolatów uropatogennych *Eschericha coli* pochodzących od 29 pacjentów z Kliniki Nefrologii, Transplantologii i Chorób Wewnętrznych oraz Poradni Nefrologicznej Gdańskiego Uniwersytetu Medycznego stwierdzono, że:

- najczęściej występującym czynnikiem wirulencji była bakteriocyna Usp,

- najrzadziej występującym czynnikiem wirulencji był cytotoksyczny czynnik nekrotyzujący,

- nie można znaleźć wyraźnej korelacji pomiędzy odsetkiem posiadanych przez izolaty czynników wirulencji, a płcią pacjentów a także materiałem, z którego izolowano bakterie,

- we wszystkich przypadkach za wyjątkiem jednego wyniki genotypowania z zastosowaniem metody PCR MP potwierdzają, iż doszło do transmisji bakterii z układu moczowego do krwi,

- wszystkie izolaty pochodzące od pacjentów po przeszczepie nerki posiadały takie czynniki wirulencji jak: fimbrie P, S, oraz bakteriocynę Usp,

- znacznie większy odsetek izolatów pochodzących od pacjentów po przeszczepie nerki posiada czynniki wirulencji w porównaniu z izolatami pochodzącymi od pacjentów, u których nie przeszczepiono nerki,

- ponad 94% wszystkich izolatów posiadało chociaż jeden czynnik wirulencji,
- poszczególne genotypy izolatów oznaczane dla izolatów pochodzących od każdego pacjenta oddzielnie posiadają w dużej mierze identyczne czynniki wirulencji,
- u 8 pacjentów na podstawie genotypowania stwierdzono obecność tego samego genotypu izolatów pobranych w znacznych odstępach czasu co świadczy o nawracających zakażeniach,
- u 5 pacjentów, u których na podstawie genotypowania stwierdzono zakażenia nawracające analiza występowania czynników wirulencji wykazała obecność identycznych czynników wirulencji u izolatów pochodzących od danego pacjenta lecz pobranych w odstępach czasu co dodatkowo potwierdza założenie, iż doszło do transmisji bakterii z układu moczowego do łożyska krwionośnego oraz, że były to zakażenia nawracające.

6 Wykaz użytych skrótów

Tabela 20 wykaz skrótów użytych w pracy

Skrót	Oznaczenie
CFU	jednostki zdolne do tworzenia kolonii (ang. colony forming units)
CNF1	cytotoksyczny czynnik nekrotyzujący
GTP	guanozynotrifosforan
LM PCR	(ang. Ligation Mediated PCR)
PAI	(ang. pathogenicity island) wyspa patogenności
PCR	reakcja łańcuchowa polimerazy (ang. polymerase chain reaction)
PCR MP	(ang. melting profile PCR)
RFLP	polimorfizm długości fragmentów restrykcyjnych (ang, restriction fragments length polymorphism)
T_d	temperatura denaturacji
UPEC	uropatogenne *Escherichia coli*
ZUM	zakażenie układu moczowego

7 Bibliografia

1. **J. Przybyła, M. Sosnowski.** Ostre i przewlekłe zakażenia dróg moczowych - diagnostyka i leczenie. *Przewodnik lekarza.* 2008, 4, strony 71-77.

2. **Czekalski, S.** Zakażenia układu moczowego - ostre, nawracające, przewlekłe, powikłane. *Przewodnik lekarza.* 2010, 2, strony 46-53.

3. **Kot, A., i inni.** Wrażliwość in vitro gram-ujemnych uropatogenów szpitalnych na leki przeciwbakteryjne. *Urologia polska.* 2006, 69.

4. **Semetkowska-Jurkiewicz, E.** Zakażenie układu moczowego u chorycha na cukrzycę. *Przegląd urologiczny.* 2007, 42.

5. **Kupilas, A.** Zakażenie układu moczowego. *Przegląd urologiczny.* 2006, 38.

6. **Szewczyk, E.M.** *Diagnostyka bakteriologiczna.* Warszawa : PWN, 2009.

7. **Salyers, A.A. i Whitt, D.D.** *Mikrobiologia.* [red.] Zdzisław Markiewicz. Warszawa : PWN, 2005.

8. **Hyla-Klekot, L. i Koszutski, T.** Rola uroepithelium i zaburzeń immunologicznych w patogenezie zakażeń układu moczowego. *Nefrologia i dializoterapia.* 2008, 4, strony 241-243.

9. **Kau, A.L., Hunstad, D.A. i Hultgren, S.J.** Interaction of uropathogenic Escherichia coli with host uroepithelium. *Current Opinion in Microbiology.* 2005, 8, strony 54-59.

10. **Mysorekar, I.U., i inni.** Molecular Regulation of Urothelial Renewal and Host Defenses during Infection with Uropathogenic Escherichia coli. *The Journal of Biological Chemistry.* 2002, Tom 277, 9, strony 7412-7419.

11. **Witkowska, D., Bartyś, A. i Gamian, A.** Białka osłony komórkowej pałeczek jelitowych i ich udział w patogenności oraz odporności przeciwbakteryjnej. *Postępy higieny i medycyny doświadczalnej.* 2009, 63, strony 176-199.

12. **Wiles, T.J., Kulesus, R.R. i Mulvey, M.A.** Origins and virulence mechanisms of uropathogenic Escherichia coli. *Experimental and Molecular Pathology.* 2008, 85, strony 11-19.

13. **Zhang, L., i inni.** Molecular Epidemiologic Approaches to Urinary Tract Infection Gene Discover in Uropathogenic Escherichia coli. *Infection and Immunity.* 2000, Tom 68, 4, strony 2009-2015.

14. **Simms, A.N. i Mobley, H.L.T.** Multiple Genes Repress Motility in Uropathogenic Escherichia coli Constitutively Expressing Type I Fimbriae. *Journal of Bacteriology.* 2008, Tom 190, 10, strony 3747-3756.

15. **Antao, E.M., Wieler, L.H. i Ewers, C.** Adhesive tfreads of extraintestinal pathogenic Escherichia coli. *Gut Pathogens.* 2009, Tom 1, 22.

16. **Bryan, A., i inni.** Regulation of type I fimbriae by unlinked FimB- and FimE-like recombinases in uropathogenic Escherichia coli strain CFT073. *Infection and Immunity.* 2006, Tom 74, 2, strony 1072-1083.

17. **Bower, J.M., Eto, D.S i Mulvey, M.A.** Covert Operations of Uropathogenic Escherichia coli within the Urinary Tract. *Traffic.* 2005, 6, strony 18-31.

18. **Rosen, D.A., i inni.** Molecular Variations in Klebsiella pneumoniae and Escherichia coli FimH Affect Functions and Pathogenesis in the Urinary Tract. *Infection and Immunity.* 2008, Tom 76, 7, strony 3346-3356.

19. **Dybowski, B.** Sztuka walki i kamuflaż u uropatogenów. Patofizjologia ostrego bakteryjnego zapalenia pęcherza moczowego. *Przegląd Urologiczny.* 2007, 43.

20. **Simms, A.N. i Mobley, H.L.T.** PapX, a P Fimbrial Operon Encoded Inhibitor of Motility in Uropathogenic Escherichia coli. *Infection and Immunity.* 2008, Tom 76, 11, strony 4833-4841.

21. **Johnson, J.R.** Virulence Factors in Escherichia coli Urinary Tract Infection. *Clinical Microbiology Reviews.* 1991, Tom 4, 1, strony 80-128.

22. **Piątek, R., Zalewska, B. i Kur, J.** The chaperone-usher pathway of bacterial adhesin biogenesis — from molecular mechanism to strategies of anti-bacterial prevention and modern vaccine design. *Acta Biochimica Polonica.* 2005, Tom 52, 3, strony 639-646.

23. **Korhonen, T.K, i inni.** P-Antigen-Aecognizing Fimbriae from Human Uropathogenic Escherichia coli Strains. *Infection and Immunity.* 1982, Tom 37, 1, strony 286-289.

24. **Bury, Katarzyna.** Białko DraD uropatogennych szczepów Escherichia coli Dr+ - mechanizm transportu na powierzchnię komórki i rola w procesie polimeryzacji struktur fimbrialnych. Gdańsk : brak nazwiska, 2008.

25. **Donnenberg, M.S. i Welch, R.A.** Virulence Determinants of Uropathogenic Escherichia coli. [aut. książki] H.L.T. Mobley i J.W. Warren. *Urinary Tract Infections Molecular Pathogenesis ang Clinical Management.* Washington : American Society for Microbiology, 1996.

26. **Morschhauser, J., i inni.** Functional Analysis of the Sialic Acid-Binding Adhesin SfaS of Pathogenic Escherichia coli by Site-Specific Mutagenesis. *Infection and Immunity.* 1990, Tom 58, 7, strony 2133-2138.

27. **Nachin, L., Nanmark, U. i Nystrom, T.** Differential Roles of the Universal Stress Proteins of Escherichia coli in Oxidative Stress Resistance, Adhesion and Motility. *Journal of Bacteriology*. 2005, Tom 187, 18, strony 6265-6272.

28. **Sobieszczańska, B.M.** Hemolizyny Escherichia coli. *Postępy Mikrobiologii*. 2007, Tom 46, 4, strony 343-353.

29. **Hofman, P., i inni.** Escherichia coli cytotoxic necrotizing factor-1 (CNF-1) increases the adherence to epithelia and the oxidative burst of human polymorphonuclear leukocytes but decreases bacteria phagocytosis. *Journal of Leukocyte Biology*. 2000, 68, strony 522-528

30. **Mills, M., Meysick, K.C. i O'Brien, A.D.** Cytotoxic Necrotizing Factor Type 1 of Uropathogenic Escherichia coli Kills Cultured Human Uroepithelial 5637 Cells by an Apoptotic Mechanism. *Infection and Immunity*. 2000, Tom 68, 10, strony 5869-5880.

31. **Davis, J.M., i inni.** Cytotoxic Necrotizing Factor Type 1 Delivered by Outer Membrane Vesicles of Uropathogenic Escherichia coli Attenuates Polymorphonuclear Leukocyte Antimicrobial Activity and Chemotaxis. *Infection and Immunity*. 2006, Tom 74, 8, strony 4401-4408.

32. **Krawczyk, Beata, i inni.** Evaluation of a PCR Melting Profile Technique for Bacterial Strain Differentiation. *Journal of Clinical Microbiology*. 2006, Tom 44, 7, strony 2327-2332.

33. **Krawczyk, B., i inni.** ADSRRS-fingerprinting and PCR MP techniques for studies of intraspecies genetic relatedness in Staphylococcus aureus. *Journal of Microbiolcgical Methods*. 2007, Tom 71, 2, strony 114-122.

34. **Stojowska, K., Krawczyk, B. i Kaluzewski, S.** Usefulness of PCR Melting Profile Method for Genotyping Analysis of Klebsiella oxytoca Isolates from Patients of a Single Hospital Unit. *Polish journal of microbiology*. 2009, Tom 58, 3, strony 247-253.

35. **Krawczyk, B., i inni.** PCR melting profile method for genotyping analysis of vancomycin-resistant Enterococcus faecium isolates from Hematological Unit patients. *Polish Journal of Microbiology*. 2007, Tom 56, 2, strony 65-70.

36. **Krawczyk, B., i inni.** PCR melting profile (PCR MP)--a new tool for differentiation of Candida albicans strains. *BMC Infectious Diseases*. 2009, Tom 11, 9.

37. **Meyrier, A.** Urinary Tract Infection. 7.

38. **Brzuszkiewicz, E., i inni.** How to become a uropathogen: Comparative genomic analysis of extraintestinal pathogenic Escherichia coli strains. *Proceedings of the National Academy of Sciences of the United States of America*. 2006, Tom 103, 34, strony 12879-12884.

39. **Smith, Y.C., i inni.** Hemolysin of Uropatogenic Escherichia coli Evokes Extensive Shedding of the Uroepithelium and Hemmorhage in Bladder Tissue within the First 24 Hours

after Intraurethral Inoculation of Mice. *Infection and Immunity.* 2008, Tom 76, 7, strony 2978-2990.

40. **Krawczyk, B. i Kur, J.** *Diagnostyka molekularna w mikrobiologii.* Gdańsk : Wydawnictwo Politechniki Gdańskiej, 2008.

Printed by Books on Demand GmbH, Norderstedt / Germany